Collabor(h)ate

協作原則

如何在職場建立非凡的合作關係

Deb Mashek, PhD

黛比・馬歇克 ____ 著

獻給——

我最愛的合作者洛可，我們有最佳的合作關係。
喬・克雷爾、瑪儂・盧斯托諾、麥可・南菲托，
他們是最棒的「成功合作」對象。
以及開啓了意外機緣的傑瑞・歐斯特倫。

第2章 介紹馬歐克矩陣

第3章 瞭解關係品質

第4章 瞭解相互依賴關係

【前言】從拖車停車場到博士生

拖車停車場、我父母的酒癮，以及我的博士學位，這些是讓我學會合作的三個導師。

我的童年在內布拉斯加州西部的一個拖車停車場度過。夏季的日子裡，我們總是流連戶外，和不同年齡、性別的孩子一起遊戲。我們將空地變成餐廳、大樹變成專屬的俱樂部，而停放拖車的柏油路框格，則成了我們玩捉迷藏的遊戲地墊。

基本上，大人總是在我們的生活中缺席。畢竟那是一九七〇年代，在盒裝牛奶會印上失蹤兒童的尋人啓事之前，當時父母的保護主義文化還不盛行。所以我們這些孩子要自己搞清楚如何協調各方利益，制定並執行規範，並在過程中照顧彼此。這種自由放養的遊戲模式，意味著我有許多機會培養往後成爲成功合作者需要的社交技能。

然後，還有我的父母。當時我並不知道，我父母長期酗酒的習慣，正是練就我合作能力的第二位優秀導師（這當然不太正常）。如同許多在毒癮家庭中長大的孩子，我的家庭生活一團糟。大人的行為像孩子，而孩子們得像大人一樣行事。

我學會如何仔細察看且回應他人的需求，並釐清如何優雅地調解意見上的分歧。這些人際關係的策略——說真的，也是童年時的超能力——讓我能牢牢抓住任何找得到的關係線索。通常，這些關係是來自家人之外、那些關愛我的大人。像是老師、青少年團契的團長，還有朋友的爸媽們。我學會吸引他人的積極關注與喜愛，訣竅就是讓自己變得不可或缺、和藹可親，並預先考量他人的需求。與他人建立聯繫，代表他們會給予我最為渴望的東西：安全感。

作為一個長有大暴牙、骨瘦如柴的孩子，我搞懂了要如何好好表現自己，彷彿我的幸福全仰賴這件事。因為，嗯，確實如此。現在，作為一個成年人，我在治療室及治療室以外的地方努力工作，將這些預設反應轉變成深思熟慮的決定，選擇何時啟動這些力量的同時，也認知到自己這一路上的需求及匱乏，並清楚表達。

幸虧有一位了不起的高中輔導員，我才有辦法進入大學。透過聯邦派爾獎助學金（Pell grants）*的協助，我還搞不太清楚自己申請了什麼，就獲得了一大筆學生貸款。還有一群關心及援助我的教授與教職人員，讓我在大學校園中成長茁壯，甚至幫助我一路邁向研究所。

在此，我發現了關於親密關係（close relationships）的心理學。這個領域令我特別著迷。首先，我原本並不知道有這樣一個研究領域，在這裡，學者們專注於理解讓關係發揮作用的原因是什麼。第二，打從我第一天參與亞瑟．阿倫博士（Dr. Arthur Aron）主題爲「親密關係心理學」（Psychology of Close Relationships）的研討會開始，我就知道自己想要探究那些學者所擁有的知識。我想要知道，如何才能建立健康的關係，那是我全然陌生、尚未準備好要追求或實現的東西。

因此，我便深入探究了。在過去的二十五年裡，我一直不斷地學習人際關係心理學，並將這些知識應用於眞實世界的各種挑戰，例如合作關係的建立。

在那段時間裡，我有幸獲得美國一所頂尖文學院所的終身教職。然而，由於擔心美國和世界各地都逐漸走向兩極化，在二〇一八年，我便放棄了這份夢寐以求的工作，以單親媽媽的身分，帶著八歲的孩子從加州穿越大半個國土搬到紐約*，並協助發起一個全國性的非營利組織，致力於跨越分歧，以促進有建設性的對話。後來，我更將應用關係科學的業務加以系統化，進而幫助人們在職場中建立更健康的合作及文化。

雖然很想說，我最初接觸到「合作」的概念，是作爲一名研究人員的身分，但事實並非如此。我是從小就開始接觸合作關係，身爲一個來自拖車停車場的孩子，我很早就發現了**關係的力量足以實現各種可能性**。作爲學者，我想要更深入探究這在成長過程中所獲得的智慧，而它也成爲我的透鏡，讓我能幫助那些需要或想要與他人建立良好合作關係的人。

當我盡可能優雅地回溯童年的複雜情況時，我發現自己是基於生存的必要，才養成這些與他人相處時的思維習慣。即使可以，我也不會想改變那些經歷，以及因此而獲得的知識。因爲它們是「合作」成爲我核心價值的原因，也是爲什麼我能夠幫助他人建立絕佳合作關係、讓他們得以實現單打獨鬥無法達成的目標。

*作者註：聯邦派爾獎助學金是美國政府提供給經濟上有特殊需求學生的獎學金。

*作者註：我對於合作的承諾，同樣延伸至個人生活中。我甚至先與我即將離婚的孩子父親商量之後，才接受紐約這個新機會的面試。我問他要不要考慮和我們一起搬遷，因為我們都明白分開父子倆，對我們三人都不太健康。而他答應了。

一切都巧妙地將我帶到了今日，也成就了這本書。

二〇二一年的秋天，我坐在沙發上思考是否要抓住這個點子：寫一本關於合作的書。我有什麼原創的想法要說嗎？我的知識對他人有幫助嗎？我內心的聲音——那個來自拖車停車場的孩子——思索著，是否有人願意聆聽像她這種人的觀點。

那天晚上，在LinkedIn的動態消息中，出現了一個來自宇宙的信號：傑・范・巴維爾（Jay Van Bavel）發了一則貼文，他是《我們的力量》（*The power of us*）[1]的合著者之一，他引用了安德莉亞・迪特曼（Andrea Dittmann）、妮可・史蒂芬斯（Nichole Stephens）及莎拉・湯森（Sarah Townsend）於二〇二一年《哈佛商業評論》（*Harvard Business Review*）所發表的一篇文章。這幾位作者在討論社會階層背景如何於職場的團隊中發揮作用：「……我們的研究顯示，來自較低社會階層背景的人，或許可以爲組織帶來獨特的合作技能，從而幫助團隊表現優異。」

這正好推了我一把。那天晚上，我決定與大家分享我獨特的合作技巧，下定決心要來寫這本書。

距離一位完美的合作者，我毫無疑問還差得遠了。如果你問那些和我合作的人：「跟她一起工作是什麼感覺？」他們會告訴你，當我的壓力特別大時，就會變得異常緊繃。而且，我通常一開始就會全然相信他人，但如果有人違背了我的信任，就很難再次重拾。另外，大家都知道我有個壞習慣：總是在一開始採用新的待辦清單軟體及專案管理系統，卻在中途（突如其來地）回來使用老派的紙本清單與便利貼。

雖然我不會聲稱自己擁有一切的答案，或是一個放諸四海皆準的計畫，好將大家全部推向「成功合作」的樂土，但以下是我可以提供的：

- 二十多年來，我不斷研究人與人之間如何形成關係，並應用關係理論，來幫助人們共同完成許多令人驚艷的任務。
- 我是一名屢獲殊榮的教師，曾在美國的菁英機構之一工作，負責教職人員的專業發展。
- 我曾幫助許多學院及大學建立強大的校際合作關係。

- 我曾身處文化戰爭的中心，爲對立分歧的意識形態架起橋梁。
- 我曾幫助許多商業領袖診斷、解決組織面臨的阻礙，它們正在重創組織的時程、盈虧狀況及士氣。

我熱愛合作，也認爲這是一種可以傳授、也應該傳授的技能。而且，我熱愛教導人們合作。

無論你之前經歷過哪些合作經驗，不管你是傾向「討厭合作」（collabor(h)-ate）或是「成功合作」（collaborGREAT），都可以在這本書找到一些見解，清楚瞭解那些讓職場合作發揮作用的關係原則，從而順暢地向前邁進。自始至終，我都將自己通曉的關係理論，應用到我所關切的問題上。我衷心希望，這本書對各位讀者來說會是一本通俗易懂、引人入勝的劇本，藉由探討鮮爲人知的合作理論，爲你和你的團隊點亮成功之路。

你可能不會感到驚訝，這本關於合作的書當然不是只有我個人的想法，同時也要強調其他人的參與，包括：

- 多年來，眾多學者的研究成果，啓發我思考如何讓人際關係發揮作用；二十多年來，我不斷閱讀及參與的各項研究，幫助我產出此書的見解及具體工具。
- 透過正式採訪及非正式對話，我與五十多個人討論他們工作場域中的合作——有執行長、記者、消防員、護理師、創業投資者、技術專家、企業家、專案經理、創業者、人資專家、非營利組織的領導人、礦工、建築師、教師、牧馬者，以及慈善家。
- 我的客戶歷經了合作上的考驗和磨難，並且持續汲取教訓。
- 在LinkedIn、臉書，甚至是TikTok上，數百人以慷慨、關懷的態度，參與了我對這項議題的思辨。
- 一千一百人在「職場合作問卷調查」（Workplace Collaboration Survey）中，分享了自己的經驗及智慧。

我將這些人的故事、話語以及資料編織進整本書，爲的是充分闡述關於合作的期望及風險。如果你是工作上需要仰賴合作能力的專業人士，那這本書就是爲你撰寫的。內容架構如下：

第一章邀請你先退一步來思考問題，跳脫職場中對於合作慣有的歌頌，正視那些眞的很難讓合作關係完善，而且往往充滿了失望、挫敗，甚至更糟的情況。本章讓隱藏於英文書名中「collabor(h)ate」無聲的「h」主動發聲，明確表達如果希望建立健康、有效及長久的合作關係，我們首先就必須承認這些痛苦。

第二章介紹馬歇克矩陣的簡單模型，讓大家思考如何區分「成功合作」和「討厭合作」之間的關係。這項模型建立於「關係品質」（relationship quality）和「相互依賴」（interdependence）這兩個層面上，爲改善合作關係提供一條違反直覺的途徑。

而第三章及第四章借鑒了親密關係心理學的實證研究，提供讓關係可以謹慎地從「討厭合作」轉移至「成功合作」的策略。第三章側重關係品質，第四章則是相互依賴關係。

第五章提供一個循序漸進的方法，教你如何利用馬歇克矩陣來改善合作關係。

第六章會以極其誠實的方式，審視結束合作關係的時間點與方式。請各位睜大雙眼，充分明白合作並非總是符合原先美好的期望。

第七章帶著你細想，當你精進自己的方法及效率、成爲一位非凡的合作者時，你的生活會是什麼樣貌。當你知道自己會因爲善於與他人相處而受到關注，要如何決定該接受哪一些機會？如何看出哪些人是絕佳的合作者，並與他們建立合作關係？鑑於合作在我們的友誼、家庭、社群，以及工作以外的生活都發揮了關鍵的作用，這一章結尾將會探討如何把本書的原則應用於這些重要領域。

過程中，會不斷出現一些重點提示，不僅有助於你的閱讀體驗，也能幫你培養在現實世界應用關鍵概念的能力。重點提示如下：

- **工具箱：**能夠延伸或濃縮文章重點資訊的實用工具。
- **重點在這裡：**每一章結尾會出現的重點整理，總結該章的主要概念。
- **關鍵提問：**包含一些引導問題，鼓勵你反思該章的概念如何連結到你自身的信念、經歷及期望。在每一章的結尾，請花五分鐘來思考這些問題；如此一來，你將更有可能把關鍵概念帶入日常生活。

自人類誕生以來，合作就是一種行事的工具。在祖先生活的荒蕪大草原上，提供必要的食物及住所是公共事務。而在更近代的歷史中，我們也必須透過合作，才能建成馬廄和穀倉養活眾人。

在現代社會，合作是解決世上複雜難題的關鍵。不論是對於個人或組織而言，很諷刺的是，合作是一種競爭優勢，可以釋放潛力並推動進步。

儘管合作是人人熟悉、歷史悠久又至關重要的事，並不代表它就容易達成。正如我當時十二歲的孩子某天在睡前說的：「『一起合作超級簡單的』，從來不會有人這麼說吧。」

面對這個共同的挑戰，我們一起努力，好嗎？

第1章

什麼是合作，又為何會出錯？

到底什麼是「合作」？

在社會走跳的許多人，都隱約帶著一種想法：認定一同合作就是一件好事——是我們**應該要**做的事。我們在人際關係、職場生活和課外活動中都努力地合作。不論規模或大或小的公司，都宣稱合作是它們的核心價值。一家網球運動鞋公司，以一袋洋芋片組織一個團隊，聯手保護生態環境；一個專案集結了幾個有好主意的聰明人，大家集思廣益，被閃電擊中的絕妙點子將會出現。

但是，究竟什麼是「合作」？

我得特別留意不要將這個詞大卸八塊，讓自己或其他人都無法辨識；我意識到，作爲一個曾經的學術書呆子，這著實是一項風險。無論我提出的定義是什麼，都必須讓人感到熟悉並且有意義，同時也要提供一些界線來劃分什麼在合作的範圍「內」、什麼在範圍「外」。

「collaboration」（合作）這個詞本身就說明了它的意義。「co-labor」的字面意思是「一起工作、勞動」，而字尾「-ion」指的是一個行爲或過程。如此一來，合作就是指「一同工作的過程」。

這是個好的開始，但還需要更進一步的定義。

首先，**我們必須有意識地進行合作**；爲實現共同目標而努力的人們，必須以某種方式協調或精心策畫彼此的工作。如果兩個人對同一個目標充滿熱情，但卻是各自努力，他們就不會成爲彼此的合作對象。這就像是兩個蹣跚學步的孩子共處一室卻各自玩耍，毫無交集地堆著自己的積木高塔，如此一來，他們是無法合作建造一座城市的。

第二，**合作關係中的人們互相認識**。你可以具體地指出誰參與了這項合作，而誰沒有，你也知道他們叫什麼名字。理論上，你可以將這些人聚集在一張大桌前——或是Zoom螢幕前——進行面對面的交流。如上所述，有時合作團隊的規模太大，一張桌子無法眞正容納所有人，但即使如此，合作團隊中的人們也互相認識，而每個子團隊的人也是如此。一個關聯性鬆散的個體組成的團隊，就算不上是合作（現今的民主政體正是一個例子）。

第三，**合作的事務必須是為了某個具體的共同目標**。「讓世界變得更美好」雖然很值得個人投注心力，但不足以作爲合作的呼籲口號，因爲它不夠具體。如果欠缺具體，參與的人就無法確定他們是否實現了共同目標，以及何時實現。

綜上所述，這是我在本書中對於合作的定義：**由兩個或多個互相認識的人有意識地一同行事，以推進具體共同目標的過程**。

這個定義適用的情境及狀況相當廣泛。例如，它適用於：全然自願，以及「被自願」（Voluntold）*的合作；時間較短或長達多年的合作；彼此可以平等獲取資源、地位及權力，以及情況極度不對等的合作。不管是非正式的合作，還是由契約及其他書面協定規範、結構嚴謹的合作也都適用。同步及非同步進行的合作當然也可以，更不用說面對面的合作、遠端合作，以及混合工作模式。

你可能會有其他定義上的想法，當然，你可以根據自己的定義來檢視書中的內容，看看哪些對你有幫助。歡迎採用任何你認爲有價值的工具及見解，並捨棄其他內容。

在職場中，合作有多普遍？

根據上述定義，我詢問了「職場合作問卷調查」中的一千一百名參與者，需要與他人合作以推進共同目標占了工作多大比重。請記住，這些樣本中的參與者在工作上都至少有一定頻率需要與他人合作，這代表職場中的獨行俠（lone rangers）*不在研究範圍內。不過，就算不提到這項限制，結果還是很驚人：

*作者註：Voluntold為結合「volunteer」（自願）和「told」（被告知）的複合字。如果有人「被自願」要進行合作，那就是以某種方式強加在他們身上的合作。他們或許對這個專案不感興趣，或者不認同這項工作的意義。然而，卻沒有不合作的選項。

*作者註：在職場合作問卷調查，符合所有標準的五千三百七十二位高成效受訪者中，有四百五十七位（8.5%）對篩選性的問題「你的工作內容是否需要你定期與其他員工互動（例如：共事同仁、同僚、下屬，或助理）？」的回答是「否」。

- 有12％的人花費1－20％的時間進行合作。
- 有16％的人花費21－40％的時間進行合作。
- 有24％的人花費41－60％的時間進行合作。
- 有25％的人花費61－80％的時間進行合作。
- 有22％的人花費80％以上的時間進行合作。

換句話說，有71％的參與者表示，他們至少有41％的工作時間——以「一般」的工作日而言，每天超過三個小時——必須要與他人合作（當被問到在理想狀況下，他們認爲每天要花多少時間進行合作時，47％的人回答自己迫切希望至少有41％的時間）。

人們手邊往往會有二至五個合作專案，通常會涉及三至七位合作對象*；而且平均而言參與六項以下的合作專案，主要的合作對象則不會超過六位。

合作隨處可見，原因是什麼？爲什麼我們有這麼多人投入時間、精力及其他資源，和他人進行合作？

合作為什麼如此普遍？

職場上的合作相當常見，至少基於以下三個原因：

首先，就從最不有趣的原因開始討論。許多組織有著極其複雜的關係、利益考量、資源、政策、工作流程及資訊網絡，人們在這樣的情況下試著創造商品、產品及服務。由於沒有人什麼都知道、什麼都做得來，個人、部門、結構甚至組織之間的合作，對於實現即使是相對基本的想法都是必要的。

舉個例子，請想像一下，一位公司的內部培訓師，希望聘請外部的演講者來進行專題研討會。這時，一個會計部門的職員會負責支付款項，而通訊部門的人參與宣傳素材的設計；資訊科技部門的人員必須確保外部訪客取得需要的憑證，以成功發表演說；設備部門的人可能得要主導場地的設置。的確，一些組織在結構上顯得沒必要地繁複，但重點還是一樣：組織需要以合作來因應職場本身的複雜性。

＊作者註：在樣本中，有10％的人表示參與了九個或以上的專案，其中六人表示參與一百個專案。並且，這10％的人表示，專案的合作對象從十一人至一萬兩千人不等。我倒吸了一口氣。由於是匿名問卷調查，我無法進一步細問延伸問題。

其次，更有趣的原因是，藉由彙集不同的技能組合、專業知識、觀點及資源，合作可以解決複雜的問題。獨立工作讓我們受限於只能使用已經擁有，或以某種方式取得的工具及能力，但與他人合作可以進一步擴展這些資源。就像木匠、電工、水管工、園藝師及裝修工人，一旦打開各自的工具箱，接著就可以說：「嘿，我們擁有建造一棟房屋，甚至是辦公大樓或摩天大樓所需的一切工具，讓我們開始動工吧。」

我採訪的一位科學家發現，許多領域中提出的問題，都必須整合不同方面的知識才有能力答覆。而要得到探索問題的新技術，意味著「現今的科學需要前所未有的合作」。

第三，合作可以驅動創新。跨職能、跨部門、跨組織、跨世代，以及跨文化的合作，能爲創造革新提供相當豐厚的機會，主要是因爲可以彙集廣闊的視野及才能，提供更多新奇事物和自我成長，並激盪出更具吸引力的解決方案。當來自不同背景、具有不同才能的人一起合作、促進多元的興趣時，自然就會發生很棒的事。

例如，《自然》（*Nature*）科學期刊在二〇一四年所發表的一項研究發現，由不同種族背景組成的團隊一同撰寫的科學類論文，「在科學文獻中能引起更多的注目」[1]。相較於同種族的共同作者，來自不同背景的作者所撰寫的論文，更有機會出現在享有聲望的期刊上，並且更頻繁地被引用。

更普遍來看，從金融、商業、管理、董事會組成結構及法律等領域的證據表明，人口多元化的團隊可以做出更明智的決策，並產生更多創新思維[2]。正如大衛．洛克（David Rock）和海蒂．格蘭特（Heidi Grant）在相關主題的一篇《哈佛商業評論》文章中總結道：「……提升公司集體智慧潛力的關鍵，正是藉由納入不同性別、種族及國籍的員工以增加多元性。打造多元的職場將有助於消弭團隊成員的偏見，讓他們懂得質疑自己的預設立場。」多元性（Diversity）不僅是一個有價值的目標，也是一種達到目的的手段：它擴大了解決複雜問題所能擁有的視角。美國最高法院的保守派大法官安東寧．斯卡利亞（Antonin Scalia）對此有深刻的體會；據報導，他總是至少聘請一名左派的書記員，來平衡他的保守派偏見[3]。

總而言之，合作是很常見的事，因爲它能使不可能化爲可能。合作至關重要，爲我們化解商業、公共事務、教育等領域所面臨的巨大挑戰。最後，合作是一項競爭優勢；或者更確切地說，良好的合作是一種競爭優勢。

當合作成功／失敗時，會發生什麼事？

當合作成功和失敗時，會發生什麼事？我詢問了本書採訪的人及在線的同事這個問題。以下是幾項合作能得到的好處。

當合作進展順利時，**你會受益**：

- 獲得新的能力、資源及觀點。
- 拓展人脈，深化人際關係。
- 得到更多職涯機會。
- 名聲獲得提升。
- 在工作中得到更多樂趣。

團隊會受益：

- 個人對工作的投入度更高。
- 團隊成員覺得自己被看見並受到重視。
- 團隊所創造的價值最大化。
- 團隊可以更快速地獲取統一而全面的訊息、更即時的反饋。

專案會受益：

- 觀點的多樣性可以讓團隊工作提升價值，從而產生更棒的想法及更理想的解決方案。
- 浮現更多創造性思維。
- 在數個互相衝突的任務中，能夠有效地選擇最優先進行的事項。
- 消費者和客戶得到更正向的體驗。

並且，**組織**也會受益：

- 技能和資源得到更高效益的運用。
- 提高效率。
- 提升利潤。
- 得以實施優秀的計畫及服務，並能夠持續執行。
- 留住人才。
- 獲取更高的投資報酬率。
- 組織因有良好的合作文化而聞名。

如上所述，合作可以帶來不可思議的益處。然而，如果合作狀態不佳，就會消耗極大的時間、金錢及潛在的人力。以下是合作失敗時會面臨的風險。

當合作失敗，**你**會感到痛苦：

- 壓力及挫敗指數增加。
- 你會將這些壓力帶回家。
- 你的聲譽將受到打擊。
- 你很難在工作上運用自己獨特的天賦。
- 你對工作的滿意度及鬥志會變得較低落。

團隊會受到損害：

- 產生懷疑和不信任。
- 團隊成員對自己的工作欠缺信心。
- 生產力的表現降低。
- 團隊沒有機會藉由他人的觀點來激發新的創意點子。
- 合作狀態不佳的人變得更加孤立。

專案會受到損害：

- 預算超支、時間表失控。
- 出現較無說服力的解決方案及產品。
- 無法解決客戶遇到的難題。

並且，**組織**也會受到損害：

- 無形的阻力會降低效率和效能。
- 士氣低落。
- 流失人才，產生直接及間接的招聘成本。
- 浪費時間、才能及不可多得的人才。
- 客戶走人。

總而言之，不良的合作關係是難以承受的巨大負擔。當合作開始出現問題時，一切都岌岌可危。正如一位商業領袖所說：「就像一輛裝滿磚塊的手推車緊緊跟著你。」

對合作又愛又恨？歡迎加入我們的行列

合作進展順利與失敗時，竟然會有影響這麼廣泛的結果，許多人對合作抱持著複雜的心情，也就不意外了。

那你是怎麼想的呢？面對工作中的合作關係時，最能準確描述你想法及感受的，是哪三個字或句子？

在我的「合作工作坊」開場白、社群媒體上，我也問人們同樣的問題，以激發有趣的討論。對於申請加入我線上社群的人、問我以什麼謀生的陌生人，以及——你猜得沒錯——加入我研究的參與者們，當然也不例外。

許多人會回答一連串混合積極與消極的用字。除了「機會」、「成功」、「不可或缺」及「潛力」等正面的描述之外，大家也會使用「可怕的」、「冒險的」、「憂慮」及「痛苦」等負面詞彙。

來自不同樣本的自我報告資料（Self-report data）*，也呼應了這種複雜的情緒。二〇二一年的春季，我與「學界脈動」（College Pulse）[4]這家線上調查分析公司合作，以五百位在校大學生作爲代表性的樣本，詢問他們對於分組專題作業的看法。

最初由赫欽格報告（*The Hechinger Report*，美國一個非營利的獨立教育媒體）[5]發表的這項研究資料顯示，針對分組專題作業，將近一半（49％）的學生描述自己爲「有點消極」或「非常消極」；覺得「非常積極」的人只有2％。

面對合作，「職場合作問卷調查」的參與者抱持著較爲正向的看法。總分7分制的平均數値爲5.29，反映他們對合作有更積極的態度。

然而，即使在這份整體偏正面的樣本中，也有72％的人表示自己至少參與過一項「超級可怕」的合作專案。値得慶幸的是，也有85％的人至少有過一次「非常驚豔」的合作。當然，這表示多數的人（事實上是63％）都同時經歷過職場合作的高潮及低谷。

面對合作對象，「職場合作問卷調查」的參與者在心情上也感到矛盾。當他們被要求以數值0到100的視覺量表（其中0代表「討厭合作」，100代表「成功合作」）來針對合作關係進行評分時，結果的數據範圍從最高到最低都有。

換句話說，許多人對於合作都有著複雜的感受。他們知道合作充滿潛力，能帶來有益的成果；然而，也知道那可能是難以承受的負擔，讓人煩惱又心痛。

對於合作，如果你也有矛盾的感受，歡迎加入我們的行列。

來談談合作中討厭的心聲

儘管百感交集，許多人還是希望可以有效地合作。而且，他們也希望自己成爲

＊作者註：透過問卷、訪談等方法收集受試者直接陳述自身經驗、情感、想法、觀點或行為的資料。

絕佳的合作者。

或許他們重視合作精神，或認爲這可以推進個人及職涯目標。他們憑直覺相信，唯有透過與他人的合作，自己才能發揮改變世界的能力。或者，他們盼望自己的團隊可以好好做事。但是，當他們開始試著建立合作模式時，卻打開了一個充滿混亂、糾紛及挫敗的潘朵拉盒子。

在我們的文化裡，大家都一直說合作是「最棒的策略、有史以來最好的發明、唯一重要的事、每項挑戰的正確解方」。然而，人們所顯現的複雜情緒，反映了合作有時眞的超級、超級討厭。

我希望可以談談這種掙扎。我希望大聲說出「啊，要和別人好好相處眞的太困難了」成爲一件可以被接受的事。那些對歌頌合作抱持懷疑態度的人，我想要讓他們有機會可以開口說出：「等一下，我有不同的看法。讓我們認眞檢視一下現在的方法爲何行不通，這樣才能釐清如何做得更好。」

讓合作（Collaborate）中討厭的心聲（Collabor(h)ate）浮現吧。不讓它發聲，我們只會錯過重要機會，無法瞭解我們及同事掙扎的原因是什麼，從而遮蔽了讓更多人變得更積極合作的途徑。瞭解其中的人際動態，並據此構思合作方式，我們可以讓合作更有成效、長久、愉快且健全。

合作，我為什麼如此討厭你？

要幫討厭的心情發聲，首先來看看二十四個（是的，高達二十四個！）合作之所以出問題的原因。請繫好安全帶。

掉球。有人說自己會完成某事，但後來不是根本沒做，就是做了一些與他人期望背道而馳的事情。可能是會議邀請名單或重要的電子郵件，（有意或無意地）遺漏了需要參與的某個人。我有一次問大家合作會出什麼差錯，正如一位執行長所言：「有些人就是**不做**他們該做的鳥事。」

不公平的工作量。無論是基於興趣、精力、能力或是專業知識，團隊成員之間的工作量分配並不平衡——而且往往是不公平的。最終，有些人覺得自己根本不被重視或沒有受惠，而另外一些人則是完全未付出就坐享其成。

「**順我者昌，逆我者亡**。」某些人成爲耀武揚威的決策者，儘管代表一整個團隊行事，卻很少或完全無法眞誠地試著瞭解他人的需求、利益及偏好。到最後，其他人只覺得自己被拖累了。

「**我自己來就好**。」一個急性子的合作者總是覺得，關心這項專案的人好像只有他一個人，只有他能用「正確」的方式來盡速完成。他們可能認爲自己幫了其他人的忙。或者，正如一位新創公司的創辦人所說，也許他們是眞的覺得別人無能：「我不擅長與人們共事，因爲有時他們眞的很愚蠢。而我會忽略他們，做我自己的事。我也撐過去了，因爲最終產品得到絕佳的成果。我才不會等這個聽不懂我要求的笨蛋推出什麼平庸的產品。」我曾和一位投資基金經理對話，他注意到：「這些人早已準備好要將世界扛在自己肩頭上，努力向前推動專案。但他們必須明白一點：他們自己想出的答案，遠不比融合每位合作者觀點及洞察力的成果還要豐富。」

沒有餘裕但硬要做。有些人帶著熱情自願完成一系列任務，但他們其實沒有足夠的時間，在手上還有其他工作時也完成這些事。結果呢？專案停滯不前，待辦事項仍未完成，而爲了解救延誤的排程，其他人不得不重新安排自己的工作——同時，這個人持續聲稱自己會完成任務。這類人時常一再道歉，但在爆炸忙碌的一天當中，他們也只能試著利用一些零散的時間來補救問題。

沒有做好準備。由於時間壓力、欠缺興趣，或是缺乏責任感，有些人參加會議時沒有做好充分準備，以參與團隊共同工作。他們沒有閱讀預先準備的文件，或完成他們承諾會進行的背景研究，害團隊無法推進專案。

關係疏離。有些人會好幾天都不回電子郵件。他們可能會參加會議，但頭從到尾都在用手機傳訊息。不論是什麼原因，他們都沒有貢獻自己的洞察力及專業知識，團隊也無法受益。大家不得不浪費時間，在後續階段重新審視那些早就討論過的問題——有時，這會付出巨大代價。

不受控制。即使前期大家花費極大努力來設定目標及期望，還是有人我行我素，幫其他人製造一堆爛攤子，更不用說後續的混亂。

太晚做出貢獻。儘管在共同決定的時程上清楚表明何時要收到大家的意見，但總會有人在截止日過後才提供反饋。當那個人最終抽空要發表自己的評論時，即使是令人讚嘆又精準的內容，也會導致努力和士氣毀於一旦，同時影響了工作初期及後期的流程。但這明明是一件可以避免的事。

貢獻程度不一致。有一些合作者在專案進行的第一週卯起來衝刺，下個星期就從地球上消失，直到一星期後才又出現。表現上上下下、行事反覆來回，根本無法依照他們的貢獻來預測並排定計畫。正如一位非營利組織的領導人說的：「我需要知道你過往的行爲可以預測你未來的行爲。面對我們的合作關係，你不能懶惰無爲。要認眞對待這份工作，就像你對待第一份工作一樣。而且，你不能滿足於當下的成就而不求進步。」

竊取功勞，指責他人。有些人會在他人或團隊有成功的表現時搶占功勞，也許還會推卸失敗的責任，或完全推到其他人身上。

轉嫁風險。與「竊取功勞，指責他人」有關，「轉嫁風險」（Off-loading risk）可能會出現在正式書面協議所主導的合作關係。在充滿敵意的立約過程中，雙方的目標是盡可能爲自己爭取報酬，同時讓另一方承擔較多風險。我認識一位顧問，她不會和那些將不平等合約放在她面前的客戶做生意。因爲他們只會選擇保護自己的利益（例如：智慧財產權、責任免除），不是打壓她，就是懶得提及她的權益（例如：「嘿，我也想保留我的智慧財產權，我也不想被告！」）。

自我中心、過度重視頭銜和資歷。有些人可能完全不能或不願意放下自己，轉而考量他人的需求及利益，更不用說重視了。過度重視自己的頭銜或資歷，也可能會讓他們誤以爲只有自己才有能力做出有價值的貢獻。

私藏資源，拒絕分享。儘管合作表面上說是資源共享，但仍會有合作者私藏而不分享資訊、工具、觀點或是員工。無論是因爲不安全感、疏忽、無法或不願意考量其他合作者的需求，還是缺乏清楚的共用管道，暗藏資源都會爲工作造成不必要的障礙。舉個例子，某跨國科技公司的工程師，在與同一團隊的專案經理合作好幾個月後，突然拿出一份簡報，上面列舉了他早就注意到並應該及早分享的十四項未緩解風險，這給專案經理帶來意外的困擾。

完美主義的專制行為。有些人覺得自己的價值取決於推出「完美」的作品，因此在開發產品時，他們會與其他合作者保持一定的距離。他們不會在開發的初期拿出不成熟的作品，並尋求有建設性的意見，而是等到自己的作品盡可能達到完美時再分享。這會讓其他人難以做出貢獻，並創造一個緊繃的工作環境，因為其他人一旦提出反饋，就可能會阻礙專案進度或觸發情緒。

閃避艱難的對話。儘管建設性的緊張氣氛，對於幫助團隊找到最佳前進方向至關重要，但團隊中避免衝突的成員可能會將分歧的意見擱置一旁，讓團隊難以在彼此衝突的需求中找到優先進行事項。這種行為可能導致團隊無法討論關鍵的問題。

模糊不清的角色定位。當角色的職責定義不清，會導致混亂、重複工作、人才缺失，及某些工作範圍沒有人負責。

無法決定該如何做決定。沒有人能夠眞正解釋決策是依循什麼原則做出的，這導致每個人都有不同的期望。後來如果有人覺得自己被排除在決策之外，或對做決策這件事感到負擔，心裡必然會有所不滿。

太多工具。合作者不假思索地將自己喜歡的工具從其他專案帶到這個專案，而沒考慮到其他人的偏好或使用能力。也許他們聽說一些新工具可以幫助溝通、任務管理或記錄決策過程，就下令採用。但在不知不覺中，混亂及累贅就出現了，因為大家試著要搞清楚如何在不同工具間協作、努力擠出時間學習新的工具，並且找不到關鍵檔案及決策內容的存放位置。正如一位科技顧問說的：「我不想用另一種該死的工具，你是在跟我開玩笑嗎？」一位新創企業的負責人附和：「我們不斷失去生產力，因爲我們的生命都被這些生產力工具給耗盡了。」

權力不對等。無論是因爲位階、職責或預算，或是工作環境中影響到權力的任何個人或情境上的變數，合作者之間若是權力不對等，都會阻礙訊息流通，使得相互抵觸的想法無法得到適切的討論，且會扭曲關於責任的誠實對話。

只有職責，沒有職權。這不是個人層面的問題，而是當代職場的現實狀況。一位專案管理出身的科技主管觀察到：「你可能身負多項職責，但職權是零。這些工程師不爲你工作，他們眞正的上司是管理工程部的副總裁。他們可以對你說『去你的』，但要對產品負責的人是你。」

隱匿不報。當你陷入困境時，如果無法與團隊成員好好溝通，會讓他們以爲一切都順順利利地持續進行，也讓他們無法幫助你清除道路上的阻礙。上一段的科技主管表示：「你不會希望過度依賴某個正在幕後執行關鍵任務的神奇傢伙。不可避免地，他會碰壁，他會遇到問題。然而，他害怕告訴你實情，而整個專案都會因此一敗塗地。」

毒性關係。有時候，一個大組織，甚至一個小團隊的文化變得有毒，會讓所有的信任、善意及關愛全都消失殆盡。如俗話說的「投毒入井」（well is poisoned），井水被毒害後，就無法再次拾回成功合作的關鍵了。過往的錯誤留下難以擺脫的不愉快，導致無法建立信任的氛圍。正如一位記者恰到好處地形容：「當下早已忘記什麼是合作。」

刻意破壞。有些人會刻意並長期破壞同事的工作心血，讓他的人際關係、聲譽或成就備受打擊[6]，像是散布謠言和「不小心」忘記帶文書資料參加會議。不得不和長期暗中陷害你的合作者來往是一回事，要和有時陷害你、有時支持你的同事打交道又是另一回事，這種情況令人更加沮喪[7]。

上面一連串讓合作失控的情況，眞是令人倒吸一口氣。你是否也覺得，在荒島上工作聽起來是個不錯的主意？老實說，很少有人接受如何成功合作的培訓，因此在這條路上，若是碰到一些坑洞也不必太驚訝。

我們會教這種東西嗎？

由於合作不僅困難無比又不可或缺，我們當然會優先考量教導大家做好這件事，對吧？

不。

我們先來檢視大學的情況。當我與市場調查研究公司「學界脈動」合作，針對美國五百位在校大學生進行研究時，我們詢問學生，這學期被指定了幾項專業學科的分組作業。受訪者之中，有35%的人被指派了三個或三個以上的分組作業。大學提供了多少讓學生在團體作業時能夠更愉快、更有成效的訓練呢？少得可憐。很驚人的是，有65%的受訪者表示自己不曾接受任何訓練。此外，有22%的人甚至說，他們只接受了「幾分鐘」的訓練。

令人倒吸一口氣。根據美國學院與大學協會（the Association of American Colleges and Universities）所進行的一項研究顯示，有93%的雇主高度重視合作的技能，但竟然有高達87%的大學生缺乏這項技能訓練[8]。這些發現與二〇一七年美國人力資源管理協會（the Society of Human Resource Management，SHRM）所進行的一項調查不謀而合，其中有80％的人資專業人士表示，求職者缺乏軟技能（soft skills）[9]；而30％的人資專業人士特別提及，他們招聘人才所面對的主要難題，就是求職者缺乏團隊合作的能力。

在大學課程之外呢？例如，眾人皆知，MBA學程會要求學生完成大量的分組作業。商學院應該會教學生合作技巧吧？

沒有。一位商學院教授觀察到：「我們將學生分成小組，告訴他們要一起合作。但實際上，我們並沒有提供任何能夠做到這一點的工具。」

在未曾接受訓練的情況下，有些人想出了非常簡便的合作方式，那就是：分頭進行。案例研究分爲五個部分嗎？那我們就各自負責一個部分，獲取自己需要的資訊，然後上台報告。不意外的是，結果往往雜亂無章，缺乏一致性及連貫性，也無法讓聽眾覺得有用。

前面提過的商學院教授指出：「即使團隊中的每個人都相當積極主動，眞切地想爲作業付出貢獻，我還是認爲他們並不知道如何用『分頭進行』以外的方式合作。此外，因爲時間有限，他們可能認爲這無論如何都最能節省時間。這樣一來，很少有合作是眞正的合作，頂多只是一個未充分協調的團隊各做各事罷了。」他又說：「其實，我也沒有告訴他們該怎麼做。我只是說，你知道的，你是個成年人了，去做就對了。」

好吧，那在職場呢？或許，就等到他們進入勞動市場後，我們再投資他們去發展合作能力吧？

沒有這種事。

在「職場合作問卷調查」中，有31%的人表示，關於如何在工作中建立健康及富有成效的合作關係，他們完全沒接受過相關的職業發展培訓。此外，有6%的人表示，他們獲得了「幾分鐘」的學習，14%的人是「一小時左右」，23%的人是「一、兩個小時」，而26%的人表示「超過一、兩個小時」。換句話說，儘管這是一項相當關鍵的職場技能，卻大約只有將近四分之一的人接受過比較扎實的培訓課程。

這些資料最引人入勝的一點是，人們投入職業發展培訓去學習如何好好合作的程度，與他們的工作滿意度、他們對合作的態度，以及在理想情況下會花費多少時間與他人合作，存有一致的正向關係（並有統計學上的顯著性）。儘管數據的相關性，讓我們無法確定導致這些關聯的究竟是什麼，但在職業發展培訓中增強合作的能力，實際上也可能會提升滿意度、工作態度及興趣。

所以，大家都獲得了什麼樣的職業發展培訓？請記住，每個人都可能經歷多種不同形式的培訓。以下是問卷調查顯示的結果：

- 56％的人進行在職訓練。
- 30％的人有導師（Mentor）進行輔導。
- 25％的人參加講座。
- 25％的人接受私人培訓輔導。
- 25％的人參與課程或研討會。
- 23％的人閱讀書籍。
- 8％表示「其他」。

人們之所以未接受任何培訓，有可能是因爲他們對訓練課程不感興趣。但數據資料無法證實這個結論。事實上，當我詢問研究參與者是否同意這個說法：「對於發展自己的合作技能，我非常有興趣」，有77％的人表示同意。

這些人之所以對發展自身合作技能抱有高度興趣，是因爲他們明白自己的職涯成就，取決於是否有良好的合作技能。在職場合作問卷調查中，我又詢問了受訪者是否同意這個說法：「我的職涯成就取決於我良好的合作技能」，有81％的人表示同意。由此可見，人們明白這件事的重要性。

這些數據資料和趣聞軼事讓我有些沮喪。你想想看：合作這麼重要，要把這件事做好也很困難，但多數的人似乎都認定，即使是一群不曾接受正式培訓的專業人士，只要藉由在職訓練來潛移默化，就能習得這項技能。這就像是在欠缺說明書的情況下試著組裝一組IKEA的梳妝台一樣，每個人都只能在摸索中前行。也難怪有許多合作專案碰到障礙、一敗塗地，或者導致優秀人才出走、離職。我們可以做得更好，但應該從哪裡開始進行呢？

要從哪裡開始進行？

麥可．南菲特（Michael Nanfito）的工作是幫助人們以事半功倍的方式一同合作，他是一位合作大師，也恰好是一名造船工藝師。我曾經問他，以造船的角度來看，我們可以如何瞭解合作這件事。

他觀察到，船是系統的集合體，不同人員組成的團隊參與打造每個系統，並確保系統之間可以和諧運作。作爲專家，這些人擁有非凡的技能；他們對自己所做的事及做事的方法，都有滿懷的熱情。每個人都隨時準備好自己的生財工具，知道何時派上用場，以及如何發揮它們的作用。

在此，麥可指出了建構所有合作的三大要素：人、工具，以及流程。這些資產彼此關聯、相互制約，並互相強化。

如果你手邊的材料不佳，那麼，能做的事必然會有所限制。然而，材料本身並無法造出一艘船，你還必須擁有適合的工具及團隊。同樣地，一個技術純熟的團隊可以用不怎樣的工具及材料做出驚人的成果，但是，如果你同時擁有絕佳的人才、工具及流程，什麼好事都可能隨時發生。正如麥可所說：「如果你手邊有正確的工具，且制定順暢的工作流程，你就可以把事情做得非常好，並與員工們一起合作，打造卓越成果。」

所以，沒錯，這三項要素都很重要。然而，我選擇將本書的重點放在人——尤其是人與人之間的關係。爲什麼？

基於我在親密關係心理學這方面的專業知識，我肯定會產生一些偏見，但我謙虛地斷言，健康的關係是強大合作的首要原則。無論工具及流程是什麼樣的形式、品質或數量，**人與人之間的關係構成了所有合作的核心**。正如一位非營利組織的創辦人指出：「優秀的人才會想辦法使用手邊可運用的工具來完成任務，即使這些工具很爛……他們總會找到方法來達成。」

對此，美國財星500大企業（Fortune 500 company）之一的某位副總裁表示贊同：「優秀的人才可以克服平庸的流程，甚至是不奏效的工具。」他說。「如果你有一個優秀的團隊，就可以找到完成必要工作的方法。如果你有一個合適的團隊，就可以解決任何問題。」

有一些組織的領導者明白，他們需要扎實地建立基礎，而不只是對著員工大喊：「快點去合作！」他們可能會投資合作工具，爲這些獨立貢獻者（Individual Contributor，IC）*提供工作之餘的時間學習使用這些工具，甚至聘請專精於協調流程的專案經理。然而，正如一位技術顧問說的：「有些人曾接受專案管理的訓練，有能力管理後勤及技術層面中製造的混亂。但談到人的部分，就完全沒辦法了。」

而且，說句老實話，關於人的事眞的很難。人際關係太棘手了，這也是合作如此艱難的一個主因。一位慈善事業及非營利組織的主管觀察到一件事：「**在任何一種關係中會造成問題的事，在工作環境也會成為問題；任何足以破壞一段關係的事，也都會破壞合作。**」沒錯。

合作關係是否健康，不僅會成就或破壞合作本身的結果，也會影響你在合作之中的正向或負向體驗。基於這個原因，我在整本書中都會以人際關係作爲重點。

不要害怕，這是可以學會的事

就像很少有人接受過如何成爲一位好配偶、家長或朋友的正式培訓，我們也幾乎沒有被教導要如何成爲絕佳的合作者。儘管社交關係相當複雜，但整體來說，這社會期待我們要不是本來就知道該怎麼做，就是希望我們在過程中自己弄懂。你要嘛沉入水底，不然就學會游泳。

但這幾乎算不上是可以依賴的策略，因爲從我們的情緒健康、工作樂趣，再到組織的盈虧狀況，一切都處於危險之中。我們其實有更好的方法。

謝天謝地，關係的議題是可以學習的。就像所有關係一樣，合作需要付出努力；而且，如果想讓這段關係蓬勃發展，你總會有一些該做及不該做的事。

親密關係專家亞瑟・阿倫（「快速建立親密關係的三十六個問題」之父〔father of the 36 questions to create closeness〕及我的博士班指導老師）[10]分享了以下的故事。請你想像一下，有兩個人決定要一起開一家麵包店。他們想出了一個好聽的

＊國外科技巨頭的職務，讓一些只想在技術工作上深化、不想走入管理職涯的工程師，有一個正規「技術職」的職涯選擇。

店名，購買了所有最先進的工具及最上等的原料，並決定好要推出哪些點心。他們在店外掛了一個漂亮的招牌，昭告大家麵包店即將開始營業。

但他們的努力只做到這裡就停止了。他們沒有聘請技術純熟的麵包師傅，不做行銷宣傳，也不試著主動向客戶尋求反饋，也沒有向附近其他店家自我介紹。

結果呢？這門生意失敗了。因爲生意就和人際關係一樣，需要付出努力並掌握專業知識。合作也是同樣的道理。

另一件也很重要的事，是學習。我希望每位家長都能參與育兒課程；希望每一對夫妻，或是多重伴侶關係，都更進一步地投入關係諮商輔導。我希望每一位曾經與他人共事的人——換句話說，勞動市場絕大多數的人——都能從改善合作關係的職業培訓中受益。

這正是本書所要提供的內容。現在我們手邊待處理的問題，是如何建立健康及富有成效的合作關係——儘管過往的恐怖經驗在我們身上留下了無法抹滅的傷痕，儘管那些不愉快的記憶告訴我們最好獨自工作。

在後續的幾個章節中，我將會分享從研究文獻中得到的知識，更重要的是，我會提出實用的策略，讓你可以解決眼前的挑戰。這本書存在的目的，不是爲了責備你或你的團隊過往如何應對職場關係或合作事務；你和其他人對相關知識有所缺失是可以理解的，因爲這並不是你的錯，希望我在這一章說得夠清楚了。更何況，你可以主動填補知識上的空缺。我的旅伴，來擊掌吧！

重點在這裡

✓ 合作的定義，是由兩個或多個互相認識的人有意識地一起共事，以推進具體共同目標的過程。

✓ 合作相當受到重視，因爲它讓人們完成不可能單獨做到的任務。

✓ 很多人對合作抱持著複雜的感覺。他們知道合作充滿潛力，但也可能令人心痛。

✓ 當我們讓合作中討厭的心聲沉默時，就掩蓋了讓更多人可以更加積極合作的途徑。

- ✓健康的合作關係是有效合作的基礎。
- ✓合作之所以困難，一方面是人際關係本身就很難，另一方面則是因爲極少有人受過如何成功合作的實質訓練。
- ✓合作的技巧是可以學習的。

關鍵提問

- ✓「合作」對不同的人有不同的含義。對你而言，合作代表什麼？你對於合作的定義在哪些方面與我不同？對合作有一個共同定義，爲什麼對你、你的團隊及組織相當重要？
- ✓對於職場中的合作，哪三個詞或句子最能貼切描述你的感受或態度？你的答案和團隊其他成員有什麼差異？爲什麼留意這些異同可能很重要？
- ✓關於職場的合作，你面臨的最大挑戰是什麼？

✓ 回想一下你的求學及職涯經歷，你曾接受過哪些關於合作的正式及非正式培訓？這些年來，你受過的訓練如何影響你在合作上的信念及行爲？

✓ 就你個人的情況而言，當合作進展順利或失敗時，你、你的團隊、你的專案及你的組織會面臨什麼樣的風險？

第2章

介紹馬歇克矩陣

美國人花在工作上的時間，遠遠高過其他清醒時的活動時數[1]。而第一章的數據清楚表述，大部分的工作時間都用在和同事建立合作。

職場的合作關係之所以重要，不只是因爲它讓我們在工作時感受到與他人的聯繫及有參與感；而如果要實現我們最渴望達到的目標，合作也將會是關鍵的工具。我們本來應該要對這麼重要的議題進行投資；然而，大家往往期望這些關係會自行發展和成長，卻很少花費時間、心力來建立並維護健康的職場關係。

出問題後才意識到經營合作關係的重要性，會產生不好的後果。團隊管理顧問公司Simpli5所進行的一項研究發現，有41.2%的受訪者表示「有時會在合作過程中產生摩擦。近三分之一的受訪者曾因負面的團隊工作環境而考慮過離職，而有六分之一的受訪者目前正考慮要因此離職」[2]。

當合作充滿緊張、如履薄冰，又處處暗藏危機時，我們就會感到壓力。二〇一四年，針對近三千位挪威的主管所進行的一項研究發現，主管的壓力程度與他們和員工的關係品質呈現負相關。也就是說，**當關係品質低落時，壓力程度會飆升**。

該論文的共同作者之一亞絲翠・理查森（Astrid Richardsen）指出：「主管要避免產生工作壓力，最好的辦法，就是在工作時與員工建立良好的關係。」[3]

首先，我們來思考兩個關鍵問題：**你們的關係有多好？**此外，**你和合作者是否會影響彼此的成果？**它們是建立絕佳合作需要的核心。接著，我們就依序來談談這兩個問題。

關係品質：你們的關係有多好？

關係品質取決於當事者的主觀想法。

研究親密關係的學者將「關係品質」定義為「一個人主觀地感知自己的關係是相對好或不好」[4]。換句話說，如果你認為自己有超棒的關係，那事情就是這樣了。

聽起來似乎太簡化了，對吧？

但是，告訴你一件瘋狂的事：對於關係品質的主觀評估，足以預測各種現實生活中的重要發展。例如，在報告中自稱關係品質高的已婚人士，相較於主動表示關係品質低落的那些人，他們（由研究人員刻意引起）的水泡傷口可以更快速地痊癒（是的，還眞的有這種事），甚至還有較低的死亡風險。

良好的人際關係對我們有益。沒想到這麼有益，對吧？

考量到關係品質在個人、夫妻、情侶等關係上都扮演著重要角色，親密關係的文獻中探討最多的概念就是關係品質，或許不令人意外。

透過這項研究，學者們確立了構成親密浪漫關係中，關係品質的六個要素，分別為：信任、滿意度、承諾、愛、親密度，及激情。雖然並非所有的要素都與合作關係有關，但如果你的目標是建立高關係品質的話，這些能讓你瞭解該從哪裡開始著手。

那麼，現在我們就來談談合作關係品質。

與關係品質的定義相似，我將「合作關係品質」定義爲「對於與特定合作者之間的關係好壞，你的主觀感受」。雖然合作關係的品質也同樣有許多層面，包括滿意度、自我延展、承諾、信任，及鼓舞，但就經驗及觀察而言，這些層面不如親密關係研究那麼明顯。因此，從現在開始，我會把合作關係品質視爲單獨的概念來進行討論。

來自「職場合作問卷調查」的數據顯示，在現實世界中，合作關係的品質確實很重要。更高的工作滿意度、更少的心理健康狀況，以及對職場合作更正面良好的態度，都和合作關係品質有密切關聯。

當研究對象涵蓋對合作持正面及負面態度的人，我們依然可以透過合作關係品質，來預測工作滿意度及心理健康狀態。換句話說，**不論你是否喜歡合作，處於高品質的合作關係中，都跟更高的工作滿意度，及更理想的心理健康狀態有關。**

爲什麼？可能是因爲高品質的合作關係，會帶來工作滿意度及健康的心理狀態。或者，更好的心理健康有助於建立、維持高品質的合作關係，以及更高的工作滿意度。也可能是其他變動因素的影響，例如積極正向的職場文化，能夠促進關係品質及心理健康。

不管是什麼原因，結論都是無庸置疑的：擁有良好合作關係的人，會更喜愛自己的工作，也比較不那麼焦慮、沮喪。

而除了關係品質會變動，人與人之間相互依賴的程度也有所不同。

相互依賴：你和合作者會影響彼此的成果嗎？

我決定要退一步思考，提出在我的研究領域中一個基本的問題：什麼是關係？這個定義的問題，我同樣會在我「親密關係心理學」課程的第一天提出，並要求學生仔細思考，以幫助他們初步界定這學期會教到哪些內容，而哪些不會。

我們也會探討：哪些特徵可以定義親密關係？怎樣才算是親密關係？你怎麼知道自己正和某人處在一段關係之中？接著是我最喜歡的問題：如果其中一個人死亡了，這段關係還會持續下去嗎？

我們不會在這邊深入探討以上所有問題。我之所以提這些，都是爲了說明「關係是什麼？」這個簡單的問題竟意外地很難回答。但是，答案相當重要。沒有這個答案，我們不僅無法有系統地學習，也沒辦法改善人際關係。

試著想想看：你每天早上都會向餐車的店員購買咖啡，你們之間存有某種形式的關係；和鄰居、朋友和家人，以及同事之間也是如此。但是，造就這些「關係」的特性是什麼？

針對這個問題，社會心理學家哈羅德・凱利（Harold Kelly）與他的同事們進行了深度的思考。以下是他們總結出的解答：**如果兩個人「相互依賴」，那麼他們就處於一種關係之中，代表一個人行事的結果會受另一個人的行為影響**[5]。相互依賴的程度有所差異，受到影響的程度就會不同。

爲了釐清某段關係之間的相互依賴程度，以下是研究人員通常會詢問的三個問題。你可以用這些問題，來思考你在職場上的合作關係。

- 人跟人互動的頻率有多高？互動越是頻繁，關係的相互依賴程度就越高。
- 一個人影響其他人的範圍有多大？受到影響的活動範圍越廣泛，關係的相互依賴程度就越高。
- 一個人對其他人行事的結果有多大的影響力？影響力越強，關係的相互依賴程度就越高。

「分頭進行」就是一種相互依賴程度低的策略，通常是學校分組作業中「合作」的典型模式。放學後大家聚在一起十五分鐘，決定誰該準備課堂報告的哪一個部分，之後就幾乎不太溝通；等到要課堂報告的前一天晚上，大家再彙整所有的簡報。雖然老師可能會給小組打一個分數，但它對最終成績的影響很小。

當然，職場也有類似於「分組作業」的模式。可能是一個人負責編寫宣傳素材的稿子、一個人進行版面設計，另一個人決定如何分發文宣，以及該分發給哪些對象。這就是分頭進行。

相比之下，其他合作模式有高度的相互依賴。你和合作者不僅在一個或多個複雜的專案上馬不停蹄地一起工作，而且你能夠完成任務到什麼程度，取決於他人的工作成果；你會有多少風險和報酬，取決於他人做了什麼或沒有做什麼。你們彼此分享專業知識、人才、時間及資源，在相互競爭的需求中逐漸優化成果，並在過程中應付複雜的情況。

這種相互依賴既是一種祝福，也是詛咒。從好的方面來看，它讓團隊能夠超越表面，走向深入的合作關係，爲解決那些難以處理的問題打開一扇大門，讓我們能夠完成令人驚艷的成果。

但是，從另一個角度來看，相互依賴也意味著你的努力、你在這項工作上得到的成果，與團隊成員的行爲有著密切的關聯。如果其他人在工作上毫無作爲，即使你很想推進自己的進度，也可能無法做到。或者，如果讓他人在時限內完成專案是最優先的事項，你就必須因此犧牲自己的工作品質。你的人事評價及收入，可能至少有一小部分會受到團隊的關鍵績效指標影響。你的聲譽、未來的機會、職涯前景，以及社交網路，可能取決於客戶對於合作產品的看法。你的成就感、成長幅度以及對工作的滿意度，可能跟團隊一起付出多少努力息息相關。總而言之，在你這輩子的工作生涯中，合作夥伴都對你有著超乎想像的影響力。天啊。

任務及成果上的相互依賴，代表彼此不僅共享工作帶來的獎賞，也共同承擔風險。這也表示，其他人對於我們要做的事、做事的方式有發言權，這可能會造成我們的心理上的痛苦，及個人自主權受到威脅。相互依賴很大程度打開了被他人傷害的可能，然而，如果我們想要體驗深度合作的強大潛力，這是必不可少的關鍵。

每個合作者跟我們的「關係品質」及「相互依賴」程度都有所不同。下一節將會觸及本章核心：當我們將這兩個面向放在一起討論時，會發生什麼事？

馬歇克矩陣

合作關係的兩個特性——關係品質、相互依賴——代表了馬歇克矩陣的兩個維

▼ 馬歇克矩陣

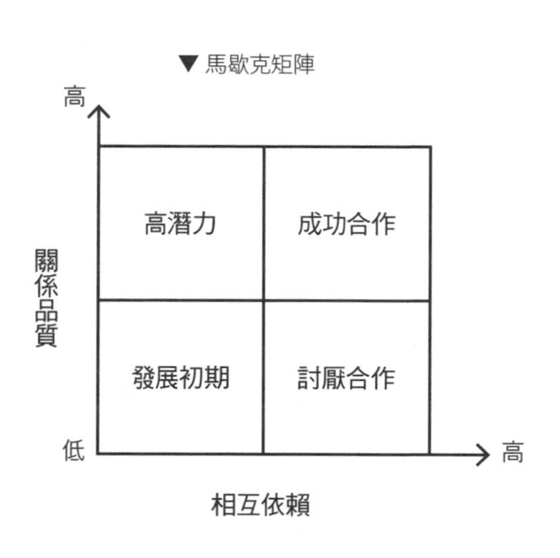

度。「關係品質」的維度著重感受，「相互依賴」則是行爲。這種感受與行爲的區隔，提示了我們要如何調整這兩個維度，接下來也會在第三章及第四章回來討論。

這個模型要能應用在特定的合作關係，條件是參與其中的人必須要有意願合作，以實現具體的共同目標。他們並不需要做得特別好或是喜歡合作，但是，由於這是一個合作模型，一開始的假設就是大家都有爲合作投入一些努力。

如圖所示，關係品質和相互依賴這兩個維度，都有一個逐漸變化的範圍；爲了方便簡單說明，我們將這些特性稱爲「低」或「高」，分別說明四種不同的合作體驗。

當關係品質、相互依賴都很高（右上象限）

時，就會產生「**成功合作**」（CollaborGREAT）的關係。合作者全心全意地投入其中，他們的努力近乎滿分，也明白其他人都信任、依靠著他們。合作者們不但會認眞對待相關責任並採取行動，也感覺到彼此之間存有聯繫，更會努力瞭解他人的需求、做出回應。一旦結合這種高品質的關係及高度的相互依賴，就能達成深厚的合作關係——大家眞的能一起完成任何人都無法獨自達到的事。

當職場合作問卷調查的參與者，被要求在所有最重要或最有意義的合作關係中，選出一個最有影響力的人時，他們總是選擇「高關係品質」以及「高度相互依賴」關係中的合作對象。也就是說，他們會選擇眞正可以「成功合作」的關係。

當關係品質高、相互依賴度低時，就來到左上象限的「**高潛力**」（**high potential**）。合作者們已經具備高關係品質的關鍵要素，只是相互依賴還未得到有力的強化，好讓合作的魔法生效。總體而言，合作者們喜歡一起籌備事物，但僅僅只是一同勞動、一起工作，可能無法完全帶出合作關係應該要有的深度和強度。你可能會認爲，這些合作關係沒有充分發揮作用。

當關係品質和相互依賴度兩者都偏低（左下象限）時，這段合作關係就處於

「**發展初期**」（emerging）。不會特別令人滿意，但可能也不會特別帶來壓力，處於一種中性狀態。這種關係下所展開的工作，可能並不深入且有一搭沒一搭，代表我們在共同的事務中只是暫時投入，也可以快速抽離。合作者之間可能不熟識，或根本不關心彼此；除了專案過程中必要的短暫接觸之外，彼此不太可能對這種關係投入太多關切。

最後，右下象限爲「**討厭合作**」（collabor(h)ate）。在這種情況下，關係品質根本就被扔進垃圾桶，但合作者之間有高度的相互依賴，這就像將馬車固定在行爲無法預測、舉止又粗魯的馬身上。在這種情況下，人們受制於他們不信任、不喜歡，也不想在合作中投入額外精力的隊友。如此一來，關係就會緊綳到令人難以忍受，任誰都會想要逃離。

那麼，如何讓關係從「討厭合作」轉移至「成功合作」的象限呢？在第五章，我們會深入探討這個關鍵問題，行進的方法可能會讓你大吃一驚。但首先，我們需要談談如果想沿著馬歇克矩陣的軸線移動，必須要做哪些努力。如何改善人際關係的品質和相互依賴的程度？在第三章和第四章，我們將會分別檢視。

重點在這裡

- ✓ 職場中的合作關係相當重要，因為它可以幫助我們在工作中感受到與他人的聯繫，並深入地投入工作；職場合作關係也是實現各種宏大目標的關鍵工具。
- ✓ 合作關係在兩個獨立的維度上有所變化：關係品質（你對特定合作者關係好壞的主觀感受）和相互依賴（一個人的成果在多大程度上受到另一個人行為的影響）。
- ✓ 馬歇克矩陣將這兩個維度融合在一起，進而產生四種不同的合作體驗：討厭合作、發展初期、高潛力，以及成功合作。

關鍵提問

- ✓ 積極打造健康的職場合作關係是明智的做法，你同意或不同意？為什麼？

✓「良好的關係對你有益。」在職場合作關係中，你在多大程度上同意這句話？爲什麼？

✓請想一想你目前工作中的一個合作關係，列出你的生活被對方影響的所有層面。當你檢視這份清單時，產生了哪些情緒？清單中有哪些內容，或你自己產生的反應，讓你感到驚訝？

✓請回想一下，過往有哪些曾讓你感到特別愉快充實／積極正向的合作關係，以及令人筋疲力盡／消極負面的合作關係。它們如何驗證（或是無法驗證）本章節中介紹的關係矩陣？

✓與所有關係一樣，合作關係也會經歷高低起伏。如果要你繪製某段合作關係的趨勢曲線圖，會呈現什麼走向？是隨著時間的推移穩定進步、充滿波動性，還是急劇下降？面對合作軌跡的變化，你會歸因於哪些因素？

第3章

瞭解關係品質

知道什麼是關係品質、理解它的重要性，並不足以告訴我們如何創造、維護關係品質。值得慶幸的是，大量研究為我們指明了正確方向。

首先，本章有把個體差異納入考量，因為這些可變因素會影響人際關係中的體驗。然後，如果你有興趣建立高品質的合作關係，並有能力及意願付出努力，本章也提供九種有實證研究為依據的策略，來幫助你達到目標。

在此提醒一下，本章的篇幅較長，包含許多確實能夠提升關係品質、有大量經驗支持的方法。你可以隨意從其中一節跳到另一節，也能在那些與你的需求及情況最有共鳴的小節上停留久一點。當你準備好時，再持續探索其他概念。在閱讀第五章之前，我也鼓勵你在感興趣的策略或概念上做個記號；當我們討論如何從「討厭合作」轉移到「成功合作」時，將會用到這些標記。

人與人之間的差異

個體差異（Individual differences）是指作爲一個個體，你在不同情況下都會具備的特徵。心理學的研究文獻揭示了我們個人的「原廠設定」如何影響我們表現自我、參與世界的方式，尤其是人際關係。

而人格（personality）和依附取向（attachment orientation）這兩個面向的差異，與合作關係的品質特別相關。

一人格的力量一

我們就從人格開始談起吧。當心理學家談論人格時，他們所指涉的是個人思考、行爲及感受所傾向的模式。在我們的一生、面對各種情境時，這些本性特徵都是相對穩定的。研究人格的心理學家提出了五個廣泛的特徵，被稱爲「五大人格特質」（the Big Five），你可以用「OCEAN」來記憶：

- **開放性**（Openness）爲面對各種體驗充滿好奇、不因循守舊的傾向。
- **盡責性**（Conscientiousness）是一種嚴謹自律、負責可靠的傾向。
- **外向性**（Extraversion）是外向並精力充沛的傾向。
- **親和性**（Agreeableness）爲信任他人並不吝讚美的傾向。
- **神經質**（Neuroticism）是一種感到緊張及焦慮的傾向，它的對立面是「情緒穩定性」（Emotional Stability）。在本章中，我們會使用「情緒穩定性」這個詞而不是「神經質」來說明。

在上述的介紹，我強調了「傾向」（tendency）這個用詞，因爲個性就像是你天生具有某種體質*，但並不表示你的命運就一定是那樣。人格並不等同於命運。

瑞貝卡・魏德曼（Rebekka Weidmann）及團隊仔細審查現有研究報告中，關於人格與戀愛關係品質之間的相關性[1]。他們得出的結論是，在五大人格特質中，似乎有三項與戀愛關係的品質特別相關：情緒穩定性、親和性，以及盡責性。簡要概括地說：

- **高情緒穩定性的人**傾向以有利於人際關係的方式行事、思考及感受情緒。
- **高親和性的人**善於調節自身情緒，並進行有建設性的溝通，這對人際關係有極大幫助。
- **高盡責性的人**往往可以成功管理並控制衝突。

如果這些模式也適用於合作關係，那高度情緒穩定性、高度親和性及高度盡責性就很容易預測合作關係的品質。從直覺就能猜到，當人們放鬆自在、充滿信任感

＊作者註：儘管有許多測驗聲稱可以評估你的人格，卻少有研究實證。好消息是一些測驗有，包括由社會心理學家山姆・高斯林（Sam Gosling）所設計的十項人格量表（the Ten Item Personality Inventory，TIPI）。

並能欣賞他人、嚴謹自律又負責可靠時，合作關係的品質就會有所提升。

馬修・普維特（Matthew Prewett）及同事進行了一項後設分析（meta-analysis，將現有的研究結果統合起來進行研究），以探究團隊成員的人格是否可以用來預測團隊的行爲及成果[2]。他們發現，團隊工作的推進狀況，和成員在情緒穩定性、親和性及外向性等人格特質上的平均得分有關；而當工作上特別需要相互依賴的時候，這種相關性就更爲強烈（我們將會在第四章回來討論）。換句話說，**當一個團隊從事特別複雜的工作時，若團員們的親和性、外向性及情緒穩定性平均水準較高時，就能更成功地推動團隊作業。**

那麼，對合作關係而言，這代表什麼？

我們就從你開始吧。正如我之前提過的，人格並不等同於命運，但我們確實很難改變人格。因此，如果你的思維、感覺及行爲模式正在破壞你的合作關係，請考慮做一些功課，採用有效的干預措施，例如：心理治療、正念冥想、呼吸法、眼動減敏與歷程更新療法（eye movement desensitization and reprocessing），或一些強化積極行爲的新方法，都可能會有所幫助。在面對阻礙你建立高品質人際關係的想法、感受及行爲時，這些方式都可能派上用場。

那麼，如果你在合作過程中，遇到合作者的人格特質對團隊及工作造成負面影響，該怎麼辦？老實說，這是一個困難的情境，因爲你不可能改變他人的個性。但是，你可以提供反饋，好好說明他們對你、專案以及其他人的影響。本章後面關於承擔責任的討論將會進一步說明。

而且，如果你擔任的是管理職或指導性的職務，而你發現有名員工情緒不穩定，或他缺乏盡責性、親和性的狀態，正在影響著團隊，你就必須採取一些應對措施。你可以找他進行一場艱難卻必要的對話，提供資源、制定績效改善計畫，並在必要時將他從團隊中抽離。迴避艱難的對話，或是避免做出艱難的決定，只會讓這名成員持續嚴重破壞其他人及團隊的互動，進而損害每個人做好自身工作的能力、公司文化，以及盈虧狀況。

此外，請特別注意你對於他人的反應。舉例來說，當某位同事列出專案可能會出哪些錯誤時，如果你發現自己變得神經緊繃，請深吸一口氣，提醒自己：他們這麼做，並非是爲了惹惱你或是刻意掃興，而是因爲他們本來就會採取與你不同的方式評估風險。你可以告訴自己，這個人給團隊帶來了「瞻前顧後」的能力，爲意外做好準備。

同樣顯而易見的是，親和性是各種關係中的寶貴資源。如果你碰巧擁有隨和的個性，要知道，這就是你可以在合作關係善用的重要資產。但也要記住，親和性並不代表一個人總是要對所有事情表示贊同。事實上，過多的「隨波逐流」會破壞團隊的工作成果。要能最有效地進行決策，帶有建設性的緊繃關係相當關鍵。

依附焦慮與迴避（Attachment anxiety and avoidance）

依附取向是與職場關係密切相關的第二項個體差異。基於童年時期的關係經歷，我們形塑了自己對於人際關係運作方式的信念，包括是否可以指望其他人提供支援，以及我們是否願意仰賴他人爲我們付出。

例如，想像一個孩子，她的照護者能夠且願意在長時間及各種情況下，以可預料、可靠的方式回應孩子的苦惱。當孩子說她餓了，照顧者會提供營養的食物；如果孩子在遊樂場上摔倒了，照顧者會輕撫她擦傷的膝蓋、安慰她動搖的信心，接著鼓勵她回到場內去玩。那個孩子就會明白，自己能仰賴他人作爲支柱，而她也值得這樣的支持。

相比之下，如果一個孩子的照顧者在多數的時間缺席，或在場的時候卻常常因爲手邊的麻煩工作分心，以致於沒注意到孩子饑餓、受傷的狀況，甚至無法有所反應，漸漸地，那個孩子就會開始深信自己不能指望別人提供協助，又或是認定自己本來就不值得關心。他們可能會開始認爲，自己最好獨自應付一切。另外，如果照顧者提供的照護和品質並不穩定又無法預測，那麼，面對照顧者可能顯現的任何反應，孩子會變得高度敏感。

這些期望、信念或「工作模式」（working models）會長期與我們同在，正如精神病學家約翰．鮑爾比（John Bowlby）說的「從搖籃到墳墓」緊緊跟隨[3]；在我們成年也後依然存在，就像一副固定在眼前的護目鏡，即使想要拿下來，也無法輕易卸除。

這些工作模式也會影響我們在職場上的關係體驗。你注意到什麼、你關注著什麼、擔憂著什麼、你用來描述自己及他人的敘事、你在順境及逆境時的反應——都跟這一項關鍵的個體差異有關。

成人依附（adult attachment）有兩個層面：焦慮（anxiety）和迴避（avoidance）。依附焦慮較高的人不太相信他人眞的會提供幫助和回應。實例研究顯示，這些人在團隊中會特別尋求對自身表現的反饋[4]。而依附迴避較高的人，對於仰賴他人會感到較不自在；當然，這讓他們很難確實地相信合作者會去做他們承諾的事*。

就像個性一樣，我們的依附取向在長期相對穩定，這代表並沒有光靠著意念就能改變你依附取向的簡單方式。如果你發現自己總是擔心別人不會支援你，或是根本無法指望別人，那麼就反省一下，思考你對他人反應的信念和期望爲何，以及依靠他人時你是否感到自在。請按捺想把一切工作都扛在肩上的衝動，讓他人有機會向你證明「不能依靠他人」這樣的想法是錯的。有些經驗老到的資深心理師可以帶著你探索、思考這些信念（其中許多源於你最早的關係經歷）是否已無法爲你的工作或其他層面帶來助益。

依附焦慮和迴避程度都較低的人們認爲，自己本來就値得他人照護、關愛，也樂於依賴他人。如果你需要一點幫助來讓自己更有安全感地進行思考，臨床心理學家潔西卡・博雷利（Jessica Borelli）和她的同事開發了一種強大的「關係品味介入*」（relational savoring intervention）[5]方法。雖然最初是爲治療及研究而設計，但這種介入治療也能作爲自我反思及寫日記的素材，進而幫助不同依附取向的人在關係中都能感到更有安全感並從中獲益。以下針對工作中的合作關係，提供關係品味六個步驟的概述。

---

*作者註：如果你想知道自己的焦慮和迴避程度，請查看凱莉・布倫南（Kelly Brennan）的「親密關係體驗」（Experiences in Close Relationships）量表。

*品味介入（savoring intervention）是一種心理學方法，旨在增強人們對生活中正面、愉悅和有意義體驗的感知。

工具箱

關係品味的六個步驟

步驟1：請想一想，是否曾有某次經驗，合作者針對你提出的需求做出善解人意的回應／你體貼地回應了合作者的需求；或是合作者授權你承擔一個風險、挑戰／你鼓勵他們這麼做。

步驟2：盡可能詳細描述那段記憶。正如博雷利的解釋：「描述事件發生在一天之中的哪段時間、其他人穿著什麼衣服、那時的空氣如何，以及所能聽到、聞到、嚐到、看到和觸摸到的東西……盡可能生動地重現那個場景。」

步驟3：當你回想那段記憶的細節時，描述你連結到那段記憶、重新體驗到的情緒及身體感受。

步驟4：探索那些湧現的事物有什麼意義或見解。例如，你可能會問自己：「這裡讓我想要緊緊抓住的重要事物是什麼？」或是「對於我或身旁的人，這一段記憶帶來什麼啓示？」

步驟5：探索過去的記憶與未來的合作關係有什麼樣的關聯。例如：「過去的經驗如何影響未來我與合作者的關係？」或「過去的關係如何讓我對未來的合作更有信心？」

步驟6：讓你的思緒自在漫遊幾分鐘，然後記下這段記憶所讓你想到的事物，或爲你帶來的感受。博雷利的團隊表示，這段開放的時間可以促成更深層次的反思。

提升人際關係品質的九個策略

那麼，該如何建立高品質的人際關係呢？以下提供九種經過實證的策略。

—① 設定明確的期望—

在任何一種關係中，期望都扮演著非常重要的角色。如果你的期望未能獲得滿足，就會因此感到失望、覺得受傷，以及——是的——較低的關係品質。但是，你的合作者並不會讀心術；而且，你要知道，你也無法看透別人的心思。所以解決方案在此：**好好地進行對話**。

在職場的合作關係中，如果你想減少期望落空的情況，請在一開始就花時間來界定明確的期望，並確保彼此都理解共同事務的行事規範。當規範沒有被遵守，或是作為定期檢視關係的一部分，彼此可以重新審視這些協議（說眞的，將這些事直接排進行事曆也沒有關係）。

進行「設定期望」的對話是毫無商量餘地之事，合作關係中的每個人都共同承擔著實現目標的責任。如果你的團隊還不曾進行這項對話，我強烈建議，現在就是恰當的時機開口說出：「我知道我們都想出色地完成專案，展現絕佳的團隊表現。現在，讓我們來談談彼此要如何進行合作。」

設定期望的對話通常有三種形式，深度及複雜度各不相同：確立基本協議的對話、一系列架構嚴謹的問題，及深入評估。

首先，你可以鎖定「如果我們要進行合作，應該要達成哪些協議？」這個問題來進行大方向的對話。這時，你會得到一些一般原則，例如：「去做我們說好會做的事」、「任何會被團隊外部人員檢視的工作都要做到完美」、「準時」，以及「在你需要協助時主動求助」。

第二，你可以用以下表格的提問，來讓合作進行的基本原則更加明確。這些問題適用於各種情況。例如，當我的大學生啟動分組報告作業時，我會鼓勵他們運用這些問題，而我自己也會在與客戶最初的電話會議中使用。

工具箱

快速設定期望的十個問題

問題1：我們進行團隊溝通時，應該採用什麼管道？該利用電子郵件、簡訊，還是通訊軟體Slack？請選擇一種對話管道並長期使用，這樣每個人都會知道可以在哪裡找到最新資訊、過去的對話、草稿、資源等等。

問題2：你的聯繫方式是什麼？一旦你的小組選好了溝通管道，就收集每個人的聯繫資訊。發送一條測試的訊息，確保每個人可以確實聯繫彼此，以免某人不慎被排除在溝通過程之外。

問題3：我們預計的回應時間是多久？我們是否全都同意，大家要在兩個小時內回覆小組裡的問題？還是兩天？如果有必要的話，設定一個每個人都做得到並符合組織文化規範的標準。不要讓你的團隊成員晾在一旁苦等，並尊重團隊的決定。

問題4：我們應該要把共用文件存放在哪裡？Google雲端硬碟、DropBox，還是鮑伯辦公室的文件抽屜裡？選擇一個大家都可以自由存取的地方，建立基本的資料夾結構並好好利用。萬一團隊成員生病，或因爲家中的緊急情況而不得不缺席時，每個人都可以存取自己需要的資訊及內容，好讓專案持續進行。

問題5：什麼時候舉行例行會議？在哪裡舉行？選擇一個符合每個人工作狀況的例行會議時間。看要每天會面，還是每星期一次？總之，將時間固定下來，當作神聖的儀式，並選擇一個固定地點（例如：瑪麗亞的Zoom會議室、Google Meet，或是咖啡館）。這樣一來，就無需浪費寶貴的時間重新協商會議時間，或在共享工作空間四處尋找團隊成員。寄送包含會議地點的行事曆邀請給所有成員，並準時到場。

問題6：你最喜歡什麼類型的工作？確保每個小組成員都爲共同任務投入自己眞正的才能。瞭解每個成員深受哪些類型的工作吸引，不僅可以幫助團隊確立優勢及需求，也能決定角色和職責。像是有些人喜歡進行研究，而有些人喜歡寫作。請記住，雖然在理想情況下，每個人都有機會貢獻自己的優勢，但他們也可能有興趣發展新的技能。

問題7：你希望自己從這次經歷中得到什麼？雖然團隊工作有時感覺像是一項艱難又繁重的任務，但它可以爲團隊成員實現更廣泛的專業發展目標。請花一些時間進行探索，如此一來，你就能透過設計工作內容，來支持每位團隊成員發展專業。例如，詢問：「你最想學習或練習的技能是什麼？」

問題8：你希望努力達到什麼程度的水準？你所面臨的情況是「完成它就好」，還是「必須做到完美無缺」？舉例來說，如果你的團隊成員中，有人只是想要順利完成一項任務，而有些人則想要大獲成功，那麼提前知道就會是件好事；因爲這將有助於團隊決定如何分配工作，還能夠防止失敗。就像英國一位管理顧問會問：「這是勞斯萊斯還是Mini汽車？」以幫助團隊瞭解該投入多少心力及資源至專案中。

問題9：誰需要在什麼時間之前完成什麼事？保有唯一的一份任務清單，並讓所有組員都能取得；不論是使用專案管理工具，或是在一面牆上貼色彩鮮豔的便條紙都可以。在會議期間，留意哪些人負責哪些任務，並記錄他們表明會完成的時間。往後每次開會的首要事務，就是檢查那些應該完成的任務是否有確實執行。小組成員有足夠的責任感，是工作有積極進展的關鍵。

問題10：關於你，我們應該還要瞭解什麼事？請花一些時間瞭解團隊的每個人。他們還有什麼其他的專長？在工作之外的時間，他們喜歡做什麼事？他們對什麼事充滿熱情？瞭解團隊成員人性的一面，有助於建立信任及融洽的關係，進而促成積極且富有成效的合作。

在許多情況下，上述的方法都適用，但有時需要更具體的策略，這就是最後一個選項派上用場的時候。

你可以依據數百個事項設定期望。例如，針對會議安排進行討論：會議本身的目的、誰應該要參加以及參加的原因、將要由誰來安排會議、誰可以提供議程、如何以及何時召集議程、誰要負責準備會議相關文件（例如備忘錄）、這些文件會先儲存在哪裡、會議的準備要做到什麼程度、是否需要預先準備、要提早多久時間來分發準備工作、預期參與會議的程度、會議舉行的地點、進行視訊會議時的規則（例如，要打開鏡頭、是否可以打開電子郵件或其他事項的通知、是否可以進行其他平臺上的對話）、會議時間如何安排、決定會議舉行或取消的人是誰，以及多久之前要確定是否舉行或取消。

針對專案管理、制定決策、應對衝突、溝通等重要議題，都可以列下這種冗長的長串事項清單。雖然我非常懷疑，在每一次合作之中，你是否有時間或是興趣針對所有議題進行深入的對話，而且其中有些事項甚至可能跟你一點關係也沒有。但不可否認的是，有些可能是你與團隊成功的重要關鍵。

確立哪些事項對你的團隊足夠重要、值得設定具體的期望。最好與團隊中的其他人進行對話，但也可以由一個人（例如，團隊領導）首先來設立重要事項。

當你確認哪些事項是重要的，請再次回頭檢視這些事項是「完全沒設定期望」、「知道有期望，但沒明說或很隱諱地說」、「有說明期望，但整體而言模糊不清」，或是「有明確且具體地說明期望」。

你和你的合作者可以進行探討：「我們對＿＿＿有什麼期望？」藉由討論具體細節來確保認知一致。之後，將這些期望以書面的形式記錄下來，並與團隊成員共享。如果有新人加入團隊，請確保他們會拿到一份檔案副本，並邀請他們也加入對話。

你可能會想：「我的天啊，這聽起來乏味得要命。」沒錯，這工作確實相當繁重，而且需要花時間才能做好。我在此提供三項建議：

- 將事項整理成幾個大類別，看看是否能夠針對大類別來設定期望就好，而不是單獨每個事項都要設定。

- 建立如何做出決定的機制，以防團隊浪費時間陷入沒必要的討論中。
- 思考一下不採取行動的代價（如果你現在不進行這些對話，將來會付出什麼代價？）。

採用哪一種方法來討論期望並不那麼重要，關鍵在於你們有確實討論。如果不盡早開展這些對話，未來將會有團隊動力、專案品質、聲譽、盈虧狀況等各個層面的風險。

組織心理學家黎安．戴維（Liane Davey）明智地指出了設定期望的對話爲什麼重要。她稱其爲「情人節效應」（The Valentine's Day Effect）[6]。一位朋友來找黎安，詳盡說明了自己期望伴侶該如何在情人節表達自己的愛意。當黎安問：「你曾向對方說過愛嗎？」她的回答總是：「沒有，如果他們眞的愛我，就一定會知道吧。」正如黎安所說：「好吧，所以這是行不通的事。我只能說：你爲什麼要害你所愛的人讓你失望呢？」

這個道理，也適用於你的合作對象：爲什麼要讓他們給你失望的機會呢？將讀心術這個假想的技能移出考慮範圍之外，好好進行設定期望的對話。並且，承擔個人責任，藉由分享你的偏好及需求，來爲這些對話做出貢獻。

②按照設定的期望行事

當然，只有明確的期望還不夠。你也必須實際做到，否則關係品質就會因此下滑。例如，光是知道自己應該爲會議做好準備還不夠，你還必須眞的做到。面對另一個人的焦慮，光是表達你對他充滿信心還不夠，你必須眞的對他有信心。**滿足期望就可以提高關係品質**。

再檢視一下你的團隊在哪些事項上設定了期望。請問問自己，你的行爲在多大程度符合這些期望？在我與團隊共同進行的期望設定工作坊中，我會要求人們利用「從不」、「很少」、「有時」、「通常」，及「總是」等選項來回答這個問題。

如果你或其他人認定，你在任何表現上都無法達成要求，可以主動詢問原因是什麼。這時，你要對自己誠實。是因爲你不贊同設定的期望，所以才無意達成嗎？因爲你沒有達成的動力嗎？或許，你不明白團隊爲何如此重視特定的行爲表現；又或者，你無法獲得執行特定任務的技能或資源。或許，你對於「做好準備」的認知，和其他人的理解不同。也有可能，你雖然確實在進行人們期望的任務，但其他人無法看見你的努力，因爲他們根本沒有意識到。

你所得到的答案，將爲你指明下一步的方向。你可能需要請團隊進一步釐清期望；或者，請你的主管和你一同集思廣益，以獲取需要的資源，或重整你要承擔的責任，讓你有能力達到預期的水準。也或許，你只是需要更刻意地讓大家看見你的努力。

重要的是，你的良好表現也可能強化其他人的良好表現。藉由認眞看待團隊設下的期望，你就可以在團隊中創造良性循環。因此，我提供的建議是：先採取行動。**如果你的表現不佳，請先努力改變自己的表現，然後再要求其他人也這麼做。**

③不要編造故事給自己聽

我們的大腦是會講故事的機器。大腦的設定就是讓我們理解世界的混亂，藉由營造可以預測人生的假象，讓所有的偶然事件看起來不那麼出乎意料，而是全都操之在我。然而，一旦涉及了合作關係，這種編造故事的能力就會是個大問題。

當有人無法以你預期的方式行事，或者出現問題時，你的大腦會立即開始以「爲什麼？」來提出質問。**大腦非常擅長的一件事，就是以薄弱的證據來編造出精彩的故事**。當我們陷進關於合作者的負面故事時，誤解、負面情緒，以及產生不良後果的互動就此展開：

- 他們沒有準時出現在會議上，因爲他們是自私自利的混蛋。
- 他們所提出的流程完全不合理，因爲他們對業務實際運作的方式一無所知。
- 他們爲客戶撰寫的報告初稿品質爛到令人尷尬。那些人根本不關心這個專案，或這麼做對你的聲譽有什麼影響。
- 他們沒有回覆簡訊，是因爲他們無視你的存在。

眞是糟透了。但如果實情是這樣呢？

- 他們遲到，是因爲高速公路上的交通狀況不好。
- 他們提出的流程完全不合理，是因爲你疏於傳達事件來龍去脈與有什麼限制等關鍵訊息。
- 他們知道報告草稿只提供彼此參考，在產品打造成形之前，他們希望盡可能得到夠多的反饋。
- 他們確實有回覆簡訊，但簡訊在傳送給你時就此人間蒸發了。

雖然編造故事是正常不過的事，但妄下結論會破壞健康的人際關係。一位社會公益服務單位的主管證明了這一點。她分享了戲劇性的故事：有一個專案本來可以獲得巨額的贈款，爲更多需要幫助的人提供服務，卻因爲一位其他部門的同事而破壞了這個跨部門的重要合作。專案之所以告吹的原因是：關於這筆資金的來源、爲什麼他們對它感興趣，以及這筆資金會對該同事的部門產生什麼影響，她編造了複雜又負面的故事。「因爲她失控又小題大作的反應，整件事都告吹了。」

阻止自己編造故事的時間點，是在事情搞砸之前。一位新創公司的創辦人鼓勵團隊中的成員問自己：「我是否能姑且先相信對方的爲人？」他說：「在關係中，當我自己覺得有什麼事不對勁時，我會一遍又一遍地問自己這個問題，但我發現答案始終是『不能』。」

如果你也是這樣，在面對合作者的某些行爲，或是發生一些消極負面的事情時，你心中早已有一個簡潔的解釋，請先深吸一口氣。然後，藉由詢問自己以下的問題，來放慢編造故事的速度。

工具箱

放慢編造故事的自問自答

- 哪些是事實、推測、被誇大或浮誇描述的事實，或被描述成事實的推測？
- 有哪些因素在影響我編造故事？

- 我的資訊在哪些方面可能不完整或不準確？
- 對於他人、他們的能力、意圖、價值觀以及信仰，我做出了什麼樣的假設？
- 我能否提出至少五種其他可能的解釋？

這些問題的目的是什麼？首先，光是詢問這些問題就足以提醒自己，只有匆匆一瞥，我們很難全面瞭解事情發生的原因。其次，這些問題帶著我們透過不同的鏡頭來審視情況，使我們能夠看見更多細節及細微之處。第三，探索這些問題時涉及的「思考工作」，可以抑制我們認定自己受委屈時容易高漲的情緒。

人一旦情緒高漲，就很難產生有建設性的思考或行為。當你開始怒火中燒時，就無法好好實行本章及下一章提出的多項策略。我們得在一開始就有所準備，讓自己不身陷激動情緒之中，不然就要想辦法讓自己擺脫這種情況，才能在再次進入對話前冷靜下來。

當我們在自己的心與腦中編造關於他人的負面故事，會影響到關係品質：

- 當你認爲對方是一個無知又不體貼的混蛋時，就很難對一段關係感到滿意。
- 你有可能更加消極地解讀此人未來的行爲（玫瑰色眼鏡的反向效果）。
- 你腦中的敘事，已經讓你難以注意到和你編造的故事相反的證據，更別說是整合了。
- 你感受到的情緒會被你編造的故事主導。

最後一點值得再次說明：**我們告訴自己的故事，會引起我們的情緒波動**。如果你接受過治療或曾和正念老師一起上課，可能聽過這樣一句話：「情緒不是實際存在的事物。」老師們會跟你說：「感覺不是事實。」或「你的感覺是眞實的，但它們不是實際存在的事物。」這些格言提供了一種見解，即情緒是我們爲自己編造故事的結果。而且，不幸的是，我們很容易將感受到的情緒加以曲解，反過來告訴自己編造的故事都是眞實的，接著就會形成一個惡性循環。當合作者做了違背你預期的事時，彼此就很難進行有建設性的對話。

一④承擔責任一

肯定會有一些時候，你和合作者會違反共同設立的期望。重點是該如何在這些情況下做出反應，讓自己和他人都承擔責任，同時維護關係的結構。

我們先來談談當你意識到自己無法滿足期望的情況。也許你查看了這個星期的工作，發現自己沒辦法在承諾的截稿日之前如期完成。這時，你該怎麼做？

- **盡早溝通潛在的障礙**：一般來說，隨著截稿日逐漸逼近，掉球、犯錯的負面影響會急劇增長。曾有一位共同作者不斷向我保證他正在撰寫我們論文的關鍵部分，但一直推遲我要求看那份草稿的請求。最後，在截稿日的前一天晚上，他打電話告訴我他無法完成任務。當然，因爲爲時已晚，我幾乎不可能調整自己的計畫，或以任何一種體面的方式爲他的困境提供幫助。編輯對我們遲交感到很不滿，後續也影響到文案編輯、設計師以及行銷團隊成員。

- **直截了當**：不要用空洞的話語來掩飾你的「我搞砸了」，而是說出你眞正想講的話。「我無法在最後的截稿日——一月三十一日之前完成」，比「由於組織出現一堆無法避免的不幸情況，看來我們先前擬定的時程，可能會出現一個小問題」要好得多。這是什麼意思呢？曾有一位合作者來電和我談論一個未來的合作機會，在連續幾次相當尷尬的互動之後，我才發現他試著要讓我明白，他想要終止我們現有的合作關係。由於當天我的讀心術暫時關閉，所以我一直不知道他到底想說什麼。
- **道歉，並明確表示你理解這造成多少影響**。道歉是很重要的事，但這還不夠，你還必須證明你明白自己爲何感到抱歉——因爲你對這項專案及其他人造成了負面影響，道歉時請明確地說出來。「很抱歉，我無法在一月三十一日的截止日前完成，我意識到自己計畫上的錯誤影響了你的排程，而且你上星期還調整了工作，以優先處理這項專案。我也意識到因爲我遲交，讓我們失去參加評審比賽的資格，這樣公司就不可能贏得產業大獎。」

- **提供解決方案**：不要在道歉之後就止步，請明確表示你有能力和意願採取哪些措施來彌補過錯。例如：「我看到這個月後半段的另一個專案有辦法挪至第二季，我在那時會比較有空閒，可以利用那段時間完成我們的論文。爲了讓你不需要調動排程，就由我來負責最後的審閱及編輯，這樣你就不必操心了。」
- **尋求協助**：邀請其他人一起創造解決方案。「對於我提議的解決方案，你有什麼看法？你覺得要怎麼做，才能減輕我犯下的過錯造成的影響？」
- **重申你重視他人以及你們彼此的關係**：「我很重視你、你的工作，以及我們的關係。我知道我的行爲對三者都產生了影響。我很抱歉。」

那麼，面對合作者違背期望的情況，該怎麼辦？你要如何追究他們的責任？

- **簡明扼要地描述你的期望，以及你所看見的落差**：例如，如果有一位合作者開會遲到，而且看起來漫不經心，你可以說：「黛比，專案開始時，整個團隊在會議上就討論了共同的期望，包括準時出席會議和全神貫注。你今天的會議遲到了十分鐘之久，而且一直盯著手機看，而不是亞歷克斯的簡報。」

- **承認自己的反應**：正如我們在上一節提到的，你很容易不知不覺陷入同事爲什麼遲到及不積極參與的負面故事。如果你發現有任何故事讓你的情緒產生波動，請提出分享，但用試探性的方式。例如：「黛比，當我看見你在會議上的表現時，我開始擔憂，也許你正在質疑你對這個專案的付出是否值得。」
- **指出影響**：當合作者的行爲在某種層面上影響了其他人或專案本身時，讓大家清楚看見這些影響，是很重要的一件事。「亞歷克斯對於你的專案分享了重要見解，而你錯過了這些，讓專案的連貫性最終可能不如預期。」
- **邀請對方分享想法**：你可以關心對方：「你今天是發生了什麼事嗎？」或詢問：「你有什麼看法？」
- **邀請對方提出解決方案**：接著，你可以詢問：「你有什麼點子可以補救現況？」或者：「你接下來可以承諾做出哪些改變？」

如果合作者指出你違反了期望，請感謝他們追究你應當承擔的責任。此外，你也得要提出解決方案，例如：「我會去看這場簡報的錄影，然後直接向亞歷克斯道歉，並讓他知道我看過簡報影片了，以及我覺得這些點子可以如何融入我的專案之中。」

你對於回饋的接受能力，決定了你合作關係的健康程度。如果你以懷有戒心的方式做出反應，或者總是將表現不佳、失誤歸咎在他人身上，你就會錯失提升工作能力的機會、破壞共同作業的品質，以及團隊關係中的信任結構。

我採訪過的對象之中，有不少人提到確實接受他人反饋的重要性。一位執行長分享，有一位團隊成員將所有得到的反饋，解釋爲大家在創造充滿敵意的工作環境，而這種指控爲組織帶來沉重的負擔。這位執行長說：「我們要你解釋，是因爲你沒完成自己承諾要做的工作，更何況，這種事已經發生五次了。我不是在創造充滿敵意的工作環境，而是請你承擔自己的責任。」

在上述的每種情況下——當你意識到自己搞砸了、當你觀察到一個合作對象搞砸了、當他人要求你面對過錯時——**最重要的事，是牢記你的最終目標**。請想像一位偏離正軌的徒步旅行者，假設他眞心想要到達某個目的地，那偏離路線就會不利於他實現目標的能力。擁抱責任也是相同的道理。當我們讓自己和他人都能共同爲期望承擔責任時，就提高了到達目的地的可能性。

最後，原諒並繼續前行吧。所有人都會犯錯。有時候，要承認、修正這些錯誤，也需要很大的勇氣。與其背負著怨恨的重擔，不如對他人寬恕並持續前進。在發生重大或不斷重複過失的情況下，也請透過適當管道來採取必要行動，但抱持著同樣寬恕的態度。

⑤做出積極反應

每個人都有需求、目標、價值觀、偏好、願望、能力、興趣、擔憂、夢想等等。在職場上，雖然有一些上述的自我核心特質可能會特別突出，但無論我們走到哪裡，它們都與我們同在。

在高品質的關係中，我們不僅會回應對方的需求，也會注意到他們何時對我們的需求產生回應。我們看到了對方的本質，也感受到自己有被他們看見。這種積極反應爲關係品質中重要的驅動要素。

婚姻治療領域的偉大專家約翰・高特曼（John Gottman）指出，「夫妻之間時常忽視彼此的情感需求，那是出於漫不經心，而不是惡意」[7]。在職場合作中，道理同樣如此。我們常常忙著自己的事務，而忽略了共事夥伴的需求，合作關係因此受到損害。

請試著關切並回應合作者的需求。隨著時間的推移，其他人會看見你給予的支持，也會認定自己要努力回應你的需求，你會發現他們也開始支持你。這種雙向的積極反應能建立信任和聯繫，在面臨挑戰之時（肯定會遇到挑戰，畢竟，牽扯到容易犯下過錯的人類），讓關係依然可以保持穩定。

那麼，如何才能將這一項原則付諸實踐呢？

首先，請留意，**日常簡短的互動相當重要**。在咖啡機旁隨意的閒聊、會議前剛坐下來的那幾分鐘，甚至是你電子郵件中收尾的字句，這些微小時刻全都是你積極反應的重要機會。

其次，**請努力觀察你的合作者**。他們的行爲及言語如何表達他們的需求、目標、價值觀、偏好、願望、能力、興趣、擔憂、夢想等？這些核心特質可能會以特別細微的方式展現，需要留心注意。

例如，你可能會注意到，你的合作者始終都習慣用特定的方式來命名共用檔案，這是否傳達了組織的價值觀，或可能丟失重要資料的擔憂？當進行視訊會議時，你注意到地板上有一堆孩子的運動裝備，這是否傳達了他們工作、育兒蠟燭多頭燒的情況？

也有其他時候，合作者的需求會以更加直接的方式傳達。例如，他們可能分享了在上個季度，他們得到相當負面的人事審查結果，所以在專案即將完成時感覺特別脆弱不安。透過他們的自我揭露，你瞭解到什麼？在即將舉行的團隊會議中，要如何理想地強調這位合作者的貢獻？在這個專案中，你的合作者可能還面臨了哪些危機（例如：是否保得住這份工作、財務保障）？

第三，無論是公開或是私下的場合，**請你用話語及行為，對合作者展現積極的回應**。

如果是那位以特定方式命名檔案的合作者，你可以這樣說：「能否向我說明一下你命名檔案的方法？這樣我也可以採納，讓彼此行事上都能有條不紊。」你也可以說明自己「發現」對方是一位重視並參與小孩各項運動的家長：「看起來，你的孩子很喜歡足球吧？足球眞的太有趣了！我很高興我們家的小孩喜歡棒球，但接送他參加所有練習及比賽，眞是讓人應付不來的繁重工作。」（這個回應巧妙地傳達「我瞭解你的狀況」，同時也透露了一些關於你自己的事，接下來，我們將會討論這種建立關係的動作）。

如果因爲客戶不積極參與，而導致專案時間表開始失控，你在團隊會議上展示延遲的時程時，可以藉由輕鬆地說：「我和羅伯特正面臨工作上的難題；我們希望盡快收到客戶的回音，好讓專案可以完成。」來對合作者展現積極的回應。

最後，請注意高特曼所說的「對積極反應的要求」。合作者有時會不知不覺發出信號，傳達「嘿，我現在眞的需要一點援助」，並希望你做出積極反應。對這些請求保持警覺，並利用這些機會作爲提供回應及建立關係品質的機會。

當一位合作者說：「我不覺得這個新的要求眞的能夠落實。」可能就是在傳達他因爲這份工作的可行性而感到壓力。你也許可以如此回答：「我們今天下午抽出一些時間私下討論，來解決這件事吧。」

在聽完老闆滔滔不絕的長篇大論後，一位合作者迅速退出會議，他或許發了一則含糊不清的訊息給你，例如：「老闆說的話眞有意思。」這時，用一個簡單的問句「你還好嗎？」來確認他的狀態，就足以傳達你明白情況令人左右爲難。

對於正向的事實揭露有積極反應，也有助於提升關係品質，這或許會令你感到驚訝。當合作者與你分享一些好消息時，請表達你的興趣和熱情。「這眞是天大的好消息！恭喜你。如果你有空的話，我也很想要聽聽你對下一步有什麼想法。」

在高度積極反應的關係中，我們可以看見並觀察他人的需求和興趣、瞭解這些需求的本質，以及爲什麼它們對他人而言是重要的，進而讓我們自己能夠協助實現這些需求。

⑥帶上甜甜圈吧

不論你是要與新同事建立關係，還是希望加強現有的業務往來關係，「社群規範」（communal norms）都提供了一條在職場和其他地方建立滿意關係的途徑。

你可能會問，什麼是社群規範？我稍後會來細談這件事，但首先，我們先來進行一個小型的思想實驗。

請想像一段婚姻中，其中一個人仔細記錄著彼此對家庭的貢獻。「上次是我開車去加油，這次輪到你了。」「你已經連續三個晚上收拾餐桌了，所以我欠你人情，要趕快償還才行。」「這星期我買菜花了一百五十美元，你上星期花了一百二十五美元，然後你還欠我十二元又五十分。」行動支付工具該上場了。

如果這關係聽起來就像是一種交易，而非親密關係，這也有合理的解釋：一筆一筆算清楚、仔細記錄貢獻和利益，是社會科學家所謂的「交換關係」（exchange relationship）的特點。在這樣的關係之中，當我們給予對方利益時，會期望對方也能快速給予對等的回報。

我們的日常生活中存在各種交換關係。我們付費給公車司機，以換取穿梭城鎮各地的車程；我們付費取得健身房會員的資格，以換取運動設施的使用權；雇主支付我們薪水，以換取我們的思考和行動。其實，在很多情況下，交換關係都是人們視爲正常、適當且樂於接受的事。

但是，請明白這一點：當我們認定彼此處於友好關係，或我們希望如此時，如果有人以這種交換性規範（exchange norms）對待我們，我們絕對會發現，而且也不喜歡這樣子。

舉例來說，我曾自以爲和一位同事成了交情不錯的職場好友。有一天，我們決定在午休時去咖啡店。一到那裡，她發現自己把錢包留在辦公室了。不必擔心，我拿起了帳單，這沒什麼大不了的，對吧？好吧，我們一回到辦公室，她就掏出錢包，跑去提款機領取現金，迅速把錢還給我。你猜怎麼了？她告訴我，她認爲我們是那種有借有還的關係。這也太傷人了吧，怎麼會這樣呢？

好吧，交換性規範並不是唯一的遊戲規則。

其他關係也受到社會科學家所謂「社群規範」的主導。在這些關係中，我們給予他人好處，是爲了提供他們福祉，而不是爲了讓自己獲得對等的利益。提供一些簡單的例子，像是你臨時要去超市時，傳簡訊問你的另一半是否需要幫他買什麼；在暴風雪後幫助鄰居將車子從大雪中挖出來；或帶著十幾個甜甜圈（或更爲健康的替代選擇）進辦公室，作爲對同事們「我就是想對你們好」的款待。

在社群關係中，我們參與其中並不是因爲我們必須這樣做，也不是因爲我們欠誰人情，而是我們看見了可以爲他人積極貢獻的機會。

而且我們明白，那些懷抱著社群情懷善待我們的人，不僅重視我們，也希望與我們建立關係。這就是爲什麼當你自以爲身處「社群共和國」，但同事費盡心思就是要還你錢時，你會感到心痛。因爲，他們要告訴你的是：不，事實上，你身處的地方是「利益交換社區」。

那麼，在職場中，究竟要如何應用這個原則來改善關係品質呢？很簡單，**找一些小方法來為他人的世界帶來一些光明，並且不要期望對方有所回報**。對於那些習慣給予的人[8]而言，這是再自然不過的事，但任何人其實都可以有意識地實踐社群規範。

例如，你可以主動先發出行事曆的邀請信件。分享自己的空閒時間時，計算好時區，讓你的同事不必幫你轉換。主動且自願多開放一些行事曆上的時間，以免你的同事要邊顧孩子邊和你開會。自告奮勇爲團隊同仁撰寫會議紀錄或檔案的初稿。分享你認爲其他人可能會從中獲益的文章。而且，是的，請你帶上甜甜圈吧。

這些事，都是能在職場的限制內體現社群精神的小方法。我建議不要一開始就嘗試所有的方式，只需選擇一、兩個你在職場中做來覺得自在的事即可。先看看那會帶來什麼感覺，也注意其他人有什麼樣的反應。

現在，社群關係的標誌之一，是我們不仔細追蹤每個人分別投入多少、生產多少。不過，當然，你也不想成爲一個爲別人付出所有，卻無法從互惠行爲中獲益的受氣包。

在此，値得注意的一點，是社群規範與社群關係之間的差別。前幾段的例子是你可以如何實踐社群規範，目的是建立更多的社群關係。如果並沒有發展成社群關係，那麼很合理的做法，就是稍微關注一下其他人對你主動付出的社群示意行爲如何反應。理想情況下，你的努力會促進辦公室的良性循環，久而久之，也能促使其他人爲群體關懷做出貢獻。但是，如果你已經這麼做好一段時間了，卻發現自己是唯一付出的人，那可能得要重新評估了。你可以優雅地指出不平衡之處（例如：「上次會議做筆記的人是我，所以這次就讓其他人來吧。」）、收回你的付出，或強調你從別人身上看到、很欣賞的小動作（例如：「哇，是誰將這些引用資料加入報告中的？太謝謝你了！」）。

要注意的還有一點，別將特定的事務不公平地歸類爲「女性的工作」（例如：和行政及照護有關的行爲，像是做筆記或提供食物）或「男性的工作」（例如：和物理或機械有關的任務，像是更換噴水式飲水機的水，或修理印表機）。不管性別角色在社會的刻板印象爲何，編織「社群」這塊布是我們所有人的責任。

—⑦ 談談你自己—

自我揭露可以創造親密關係；反過來說，親密關係也與信任及利社會行爲（prosocial behavior）有關。**如果你想要提高合作關係的品質，請與你的同事分享一些你自己的經歷**，冒著被人看見及看到別人的風險吧。

很重要的是，揭露也要選合適的時機。在工作時談論你的孩子滑稽可愛的動作？太好了；談論你大腸鏡檢查的前置準備工作？不必了。

那「互相揭露」的情況呢？在一項實驗性地製造人際關係親密感的經典研究中，研究人員引導著兩個陌生人進行一系列互相的自我揭露對話[9]。在這個一小時的簡短任務中，參與者與他們陌生人夥伴的親近感，超過了相似人群中三成的人在他們通常最親密的關係中感受到的親近感。

如果你分享了一些關於你自己的事情，也請爲其他人保留一些空間，讓他們可以在覺得自在的時刻、以自己的方式來分享同樣的事情。如果其他人不願意分享，也請不要強求。他們的沉默可能表明他們還沒有做好準備，或對更進一步的關係不感興趣。如果有人與你分享某些事物，也請在你覺得舒服自在的前提下慷慨分享。

也可以留意一下你揭露的內容。根據人際親密關係模型（The interpersonal process model of intimacy），儘管基於事實的揭露有助於建立親密關係（「我的電腦今天早上當機了……」），**但情感揭露的作用會更加強大**（「我震驚不已，因爲我發現所有的努力全沒了，我本來要寫一篇重要論文的……」）[10]。

雖然你可能很想眞正敞開心扉，分享一些非常私密的事，但請記住，要建立可以安全揭露的親密關係，需要一些時間。你知道水肺潛水員潛水時如果上升速度太快，會得到潛水夫病嗎？同樣的道理也適用於自我揭露：太多、太快的揭露，只會讓別人感到不適。慢慢來吧，誰都不希望自我揭露後造成他人負面感受。

上述那個陌生人的自我揭露實驗，刻意設計成從日常平凡的揭露開始（例如：「對你來說，怎樣才是完美的一天？」）。接著，這些問題會逐漸轉變成稍微更多一點的自我揭露（例如：「你認爲最珍貴的一段記憶是什麼？」）。最後的一組問題則有著最高程度的自我揭露（例如：「如果你今晚即將死去，沒有機會與任何人對話，你最後悔沒有告訴別人的事會是什麼？」）。

利用自我揭露來建立關係品質，並不需要花上太多的時間或精力。你可以提前幾分鐘進入Zoom會議室，並與其他在線上的人們聊天，而不是盯著其他也盯著螢幕的人。當有人問「你好嗎？」或「你今天過得怎麼樣？」，請不要給予對方千篇一律的無聊回覆（「不錯！你呢？」）。相反地，給他們誠實的回答，並加入一些細節（「我剛剛簽下一個大客戶，覺得自己彷彿身處世界之巔。我這幾個月一直好希望和他們合作呢！」）。會議期間，在你對專案發表評論之前，先簡單說明一下自己的感受（「我們不斷努力尋求這項挑戰的解方，所以我很高興終於能提出一個選項，但這也讓我有些緊張，擔心可能無法在我們的時限內達到成效。」）。當你開始寫電子郵件給同事時，多花二十秒快速說明一下個人近況（「傑夫，祝你週末愉快。我個人很期待今晚和好朋友『班傑利冰淇淋』一起攤坐在沙發上。這個星期眞的不太容易呀。」）。

雖然自我揭露本身有助於促進親密感，但察覺到其他人對我們表露的事有所反應，也能給我們帶來力量。因此，當一位同事與你分享某事時，請謹愼且眞誠地認可對方。

機械般地重複對方揭露的內容一點益處也沒有：「你說你的電腦當機了，你很不高興。是這樣嗎？如果是的話，請按一。」更理想的回應是：「哇，這也太嚴重了吧！更何況，我知道你在寫作時是如何仔細構思每一個論點。」或者，當同事在星期五和你分享，他這星期實在過得太難熬時，你可以在星期一爲他寫一張簡短紙條：「只是想和你說，在經歷上週的挑戰後，希望你週末已經得到需要的休息及娛樂。」

作為人際互動的過程，自我揭露提供了一種可以建立聯繫、累積信任，以及探索可能性的工具。儘管暴露眞實自我、讓他人看見及理解會帶來風險，若我們願意冒險，就能夠提高合作關係的品質。

⑧培養「我們感」（WE-NESS）

相互性（mutuality），或與另一個人共享社會身分的心理感受，是親密關係的一個顯著特徵。

研究人員時常會以「自我涵蓋他人」的角度來談論相互性，這可以採用命名得相當適切的「自我涵蓋他人量表」（Inclusion of Other in Self Scale）[11]來加以衡量。這份量表中包含一系列共七對重疊的圓圈，如下頁所示，每一對圓圈會比前一對有稍微多一些的重疊範圍。第一對圓圈幾乎沒有重疊，而最後一對圓圈幾乎是完全重疊。在這項研究中，我們只有要求參與者選擇最能貼切描述他們與另一人關係的圓圈。如果你要畫一對圓圈來描述你與合作者的關係，會有多少部分重疊？

在具有高度「我們感」的關係中，自我與他人之間的界線會變得模糊。其他人，尤其是親近的人，讓我們能夠明白自己是誰，豐富了我們認爲擁有的工具，並形塑我們看待世界的方式。更高層次的相互關係，也與更高的資源分享意願相關。

一位非營利組織的執行長分享，這種相互關係是合作意義的關鍵。她問：「我們真的在同一條船上嗎？當事情發生變化或遇到艱難時刻，我會優先考慮的，是我

▼重疊的圓圈範圍代表「我們感」

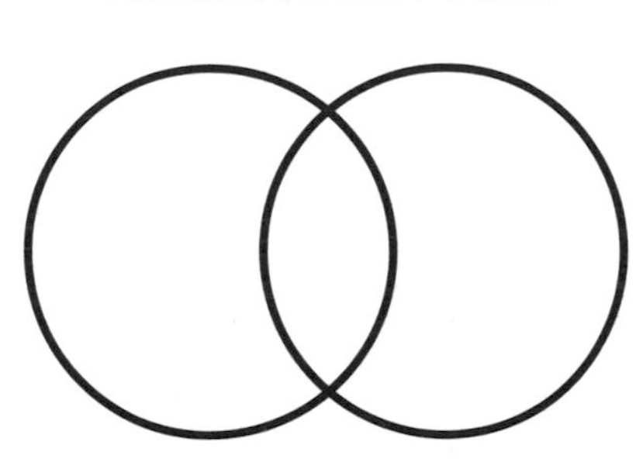

對這項合作的承諾，還是我個人的反應？如果我和你冒著暴風雪在高速公路上開車，我們是該試著一起安全地回家，還是我將你留在下一個休息站，讓你自己想辦法回家呢？」

讓我們暫時轉來討論親密關係的研究：擁有更高「我們感」水準的伴侶，對待關係衝突的方式更具建設性；他們對關係可以表達更高層次的承諾、更積極地看待自己的伴侶，並對彼此的關係更滿意[12]。而且，我喜歡這個有趣的事實：口語表達上，他們使用複數代名詞的頻繁更高（相較於「我」完成了這件事，他們比較常說「我們」完成了這件事）[13]。

人的確有可能在一段關係中迷失自我，但在多數的職場中，這種風險似乎很低。因此，爲了讓你的職場合作發揮積極正向的作用，很值得花一些心力關注團隊中存在的

「我們感」，或許可以稍微推動它來提升關係品質。

我們已經討論了一個驅動「我們感」的因素：自我揭露。已有證據顯示，對彼此自我揭露可以增加自我涵蓋他人的程度。其他驅動「我們感」的因素，還包括分享新奇有趣的活動、幽默，以及換位思考[14]。因此，在職場上，我們可能會一起參加具有挑戰性的短期課程、嘗試一個新的午餐地點、傳有趣的迷因（太適合職場了！）給同事、回憶一下之前會議有趣的時刻，或是簡單地問一句：「這件事你怎麼看？」

⑨ 求新與挑戰

根據「自我擴張模型」（The self-expansion model），個體有強烈的動機去增加他們在世界上的行爲動力（agency），讓他們更有可能實現未來的目標[15]。我們身爲人類的特徵之一，是我們想要自己可以做到、可以成爲，並能夠創造。這樣的行爲動力驅使我們尋求並獲得新的資源，例如知識、觀點、身分、技能，以及社會網絡。其中一種方式，是透過我們的人際關係。**當一種關係可以為你帶來新的資源、觀點或身分時，這種關係就會創造自我擴張。**而自我擴張是關係品質的另一個驅動力。

透過蓋瑞．萊萬多夫斯基（Gary Lewandowski）的研究[16]，我們得知那些描述自己身處自我擴張關係中的人們，擁有更高的關係滿意度。他們更快樂、更忠誠、更寬容，並且更願意在關係中騰出空間，讓對方獲得利益。

時常投入新奇有趣消遣的人，就有得到自我擴張的經驗。在你的個人生活中，這些可以是個人愛好，例如去當地的藝術工作室上陶瓷課，或與伴侶一起參與讀書會，又或是你帶著全家人一同加入社區服務活動。在你的職業生涯中，個人追尋的新事物，可能包括參加專業發展課程；而團隊則是一起參加大會，或進行具有挑戰性的新專案。

然而，如果追尋的新奇事物挑戰性過高，遠遠超過現有的技能或生產力，壓力就會隨之而來，這正是我稱爲「過度擴張」（hyperexpansion）的狀態。當談到職場合作時，這種洞察力很重要。正如提摩西．諾斯特（Timothy Knoster）所指出的，當關鍵要素缺失時，組織變革就會遇到可預測的困難[17]。例如，當所需的技能及資源缺乏時，焦慮和挫折感就會出現、上升。要求一個團隊用一根小撬棍來移一座山，並不會產生自我擴張，而是產生壓力。

無法充分自我擴張的關係，會讓人感到乏味無趣。在合作關係中或在職場上的任何層面，讓別人感到無聊，正是你最不希望發生的事。當人們覺得無趣時，他們就會尋找替代方案來應對當前的情況。

事實上，會吸引我們目光的，是我們認定足以創造自我擴張的關係及經歷。這就是與不同人合作的眾多理由之一。不同的人能引入全新的觀點，幫助我們學習新技能，有助於我們的自我擴張。

簡而言之，**求新和挑戰，對你的合作關係是有益的**。那麼，你要如何利用這個洞察來強化合作關係呢？以下提供八個建議：

- 與各式各樣的對象進行合作。
- 尋求職涯發展機會，增加你在職場及其他層面的行爲動力。

- 鼓勵你的合作者也這麼做。
- 當你的合作者這麼做時，明確表達你對他的支持。
- 面對已安排好的專案，在決定角色和職責時不要墨守成規；鼓勵自己及他人承擔不同的角色。
- 以團隊的形式一起做新奇的事。這可能如開發新的午餐地點一樣簡單，也可能像爲組織開發新提案或產品一樣複雜。
- 留意團隊是否擁有做好這份工作所需的技能及資源。如果沒有的話，請探索能增加生產力的方案，以預防壓力過大。
- 留意自己和他人是否表現出厭倦。如果有這種情況，請參考上述的建議，創造更積極正向的自我擴張。

重點在這裡

- ✓ 投入時間及資源來改善合作關係品質非常重要。
- ✓ 人格和依附取向讓我們知道如何參與並體驗職場的合作關係。
- ✓ 這個章節提供九種經過實證的策略，可有效改善合作關係品質。

關鍵提問

- ✓ 你的團隊已採用了本章的哪些策略？你認爲這些策略如何影響團隊的合作關係品質？
- ✓ 你或其他人的人格——尤其是親和性、盡責性，以及情緒穩定性——如何在你們的合作關係中發揮作用？
- ✓ 你或其他人的依附取向，在合作關係中如何發揮作用？
- ✓ 本章所分享的各種改善合作關係品質的概念之中，你認爲哪些最適用於你目前的狀況？是人際、政治或資源條件的哪些特點，讓你得出這個結論？

✓ 回顧一下你與合作對象們的關係史，在提升或破壞合作關係品質的層面，你扮演了什麼角色？

第4章 瞭解相互依賴關係

上一章已討論了馬歇克矩陣的「關係品質」層面，而本章會聚焦於另外一個層面——相互依賴。

當一個人的最終成果會受到另一個人行爲的影響時，相互依賴就存在了。在本章中，我會先解釋「最終結果」的關鍵概念，因爲那正是相互依賴的核心。接著，我會介紹十種策略，可用來改變合作關係中的相互依賴。

最終結果

成果（outcome）是什麼？

相互依賴理論（Interdependence theory）[1]，是我在哈維．穆德學院（Harvey Mudd College）的「親密關係心理學」授課時最喜愛的主題之一。那裡的學生非常聰明，在數學方面也很有天賦。當我開口說，大家可以應用自己的數學魔法來理解人際關係如何運作時，他們通常會笑——好吧，他們**有時**會笑。然後，我會在黑板上寫下這個非常簡單的方程式：

成果＝獎勵－成本

獎勵是任何你會感到滿意並嚮往的事物。例如，在合作關係中，獎勵可能包括進入全新的人脈網路、能推進專案的專業知識，或當你的合作者模仿烏龜時，讓你捧腹大笑的樂趣。

另一方面，成本是任何你覺得厭惡或不想要的東西。在合作關係中，成本可以是任何事物，例如：合作者詢問客戶一個不恰當的問題讓你感到的尷尬、當你因失誤而影響到合作者工作所產生的內疚、工作排程有所延誤而影響到你週末計畫升起的壓力，或者不得不在你的行事曆中加入另一個例行性會議。

根據相互依賴理論，在關係和互動中，我們都在尋找可能出現的最佳成果，尋求回報最大化和成本最小化。目前需記住的要點是，在相互依賴的關係中，個人會相互影響彼此的成果。

公平是什麼？

在合作中，如同在所有關係中一樣，按規則公平競爭非常重要。而公平性與成果有很大的關係。請記住：在關係中，我們都在尋求可能產出的最佳成果。

我敢說，我們都曾有過這種經歷：在一個團隊中，有合作者推卸所有責任，或提交一份需要別人幫忙重做的差勁作品。這種不勞而獲的坐享其成者（free-riders），正是優秀合作者的剋星。和無法爲共同利益做出應有貢獻的人綁在一起，不論是以什麼方式，都令人感到非常討厭。事實上，社會心理學的研究結果反覆地證明了我們討厭受到不公平的待遇[2]。但是，這到底代表什麼呢？

假設團隊中的每個人都有一個比率，其中一個數字代表這個人的貢獻，另一個數字代表這個人的最終成果。「我的」最終成果，可以包括我們所有人獲得的那些共同成果，例如對於團隊出色表現的認可，或者藉由發明一個聰明的解決方案來幫助這個世界。而且，當你看到你與你的合作者有越多的重疊之處（請見第三章的「我們感」），在某種程度上，你就越有可能將他人的成果認定爲自己的成果（也就是說，我們會共享親近之人的榮耀）。因此，這個想像中貢獻及成果的比率，包含了各式各樣類型的成果。

根據公平理論學者的說法，我們不一定眞的得要投入同等的貢獻，或獲得同等成果才能感到公平。相反地，我們需要的是公平的**比例**，即成果與貢獻的比率。**當一個人的比率與另一個人的比率相等時，關係就會感到平衡**。

讓我們用一個例子來闡述這個有趣的論點。想像一下，你和一位同事正共同撰寫一份報告，一旦發表了之後，就肯定會在業界掀起一陣波瀾。你們都爲這份報告付出了最大的努力，並將要共享即將到來的榮譽及正向關注。

你的成果：你的貢獻＝100：100＝1

你同事的成果：你同事的貢獻＝100：100＝1

你們的比率均等，這就是一種平等或是公平的關係。

現在，如果你同事只完成你目前一半的工作，那該怎麼辦？根據公平理論，只要成果也減半，這仍然會是公平的關係。例如，你的同事雖然被列爲作者，但將處於第二作者的地位，不會參與報告的媒體發布（因此，你將成爲眾人矚目的焦點——想像這正是你看重的事）。比率可能如下：

你的成果：你的貢獻＝100：100＝1

你同事的成果：你同事的貢獻＝50：50＝1

如此一來，這仍然是一種公平或平等的關係。

但是，當比率不相等時會發生什麼事？例如，你爲了做這份報告累得半死，但你共同執筆的合著者恰好擔任更高職位，他將會獲得第一作者的頭銜及榮譽，卻因爲投入其他事務而分散注意力，似乎忙到只能斷斷續續關注這份報告。這時，比率可能如下：

你的成果：你的貢獻＝25：100＝0.25
你同事的成果：你同事的貢獻＝100：25＝4

喔，不，我們現在失衡了。相較於合作者的比率4，你的0.25就顯得微不足道。在這種情況下，你的獲益嚴重不足，而你的合作者則得到過多好處。

而且，你猜怎麼著？當我們感受到報酬不足的痛苦時，更有可能仔細檢視貢獻和成果。也就是說，當我們與索取者（taker）互動時，更傾向於利益交換，而非共同行事（我們在第三章討論了交換性規範和社群規範）。當你覺得合作者正在利用你時，就很難爲公眾利益激發熱情。

那麼，該如何修復公平性呢？有四種選項：改變你的貢獻、改變你的成果、改變合作者的貢獻，或是改變合作者的成果。

理想情況下，這些改變應藉由明確的對話及設定期望來實現，而不是你突然就不做自己的工作了（噓……有人「安靜離職」〔quietly quitting〕*了）。例如，如果你沒有獲得相應的報酬，你可以對你的合作者說：「我爲了這份報告傾注了所有心血，也知道自己做出了正向貢獻。因此，我想討論有哪些選項，可以讓我在最終公開發表時成爲眾人關注的角色。」

當然，你也有可能是那個在合作中獲益過多的人。與你的合作者提出這種可能，你就能試著重新建立公平性。你可以說：「嘿，我覺得你在這個專案上所投入的努力，超出了你應該做的比例。我們能否談談要如何平衡這件事？或者，在專案公開發表時，我們該如何確保你能獲得應有的讚揚？」

評估公平性時，要牢記的一個重要事項是，我們往往非常清楚自己對共同工作投入多少貢獻；畢竟我們一直在場，在一個專案花費多少努力都心知肚明。但是，**我們看不見別人的工作，因此更難去留意、追蹤、記得他人的貢獻**。在一項著名研究中，心理學家麥可・羅斯（Michael Ross）和菲奧雷・西科利（Fiore Sicoly）

要求一些已婚夫婦各自估算自己完成家事勞動的百分比[3]，他們接著加總每對夫婦各自的估計數值。你猜發生什麼事？在這三十七對夫婦中，有二十七對的總數超過100％，這代表73％的夫婦中至少有一人高估了自己的貢獻。

那麼，要注意的一點是：就算你覺得自己沒得到應有的回報，也不代表你眞的做了一筆不公平的交易；你可能沒看到事實的全貌。因此，請試著確實檢視合作者的貢獻。與你的合作者集思廣益，討論如何讓你的努力被大家看見；感謝其他人在幕後所投入的努力，並稱讚彼此的貢獻。與合作者談談你的感受，並邀請他們討論如何調整貢獻和成果。

第二個需要注意的是，就像這世上有坐享其成者一樣，也有些人面對共同工作時，採取的是「順我者昌，逆我者亡」。事實上，他們可能根本不給予你任何空間，不論你有什麼想法、專業知識或是才能。這是個嚴重的問題，特別是因爲這甚至不符合「合作」的條件。這些製造麻煩的「合作者」，可能誤以爲自己幫了大家一個大忙。我想在此正式地公開回應：**他們並沒有幫到忙**。單方面將自己的想法及

＊指新世代推崇「僅完成工作最低需求」的工作態度，雖然沒有直接離職，但放棄了努力進取的想法。

方法強加在合作關係上，算不上承擔重責，反而還完全破壞了工作本身，並創造其他人根本沒有選擇餘地的成果。開誠布公地討論這種流氓行爲對成果和貢獻造成的影響，可能有助於減輕這種行爲。

最後則是關於權力。一九三八年，社會心理學家威拉德·華勒（Willard Waller）首次提出「最小興趣原則」（The principle of least interest）[4]。他指出，在一段關係中，對關係最不感興趣的人擁有最大的權力。如果你和你的合作者需要或想要這段合作關係的程度並不對等，那麼最容易拋下關係的人，就擁有更多的發言權及影響力。正如以利亞·魏（Elijah Wee）在一篇關於職場上濫用管理權的精采論文所述，結論指出「只有當下屬在目標及資源上不對稱地依賴領導者時，領導者才會比下屬更有顯著的權力，因此更有可能剝削並傷害下屬。」[5]

影響成果並改變相互依賴關係的三種刻度

正如我在第二章中提到的，在試圖描述一種關係的相互依賴程度時，研究人員聚焦於三種顯著可見的互動模式：頻率、範圍，及強度[6]。

- **頻率**（Frequency）與花多少相處時間的長度有關。你與合作者有越高的互動頻率，影響彼此成果的機會就越多，因此關係就越是相互依賴。
- **範圍**（Diversity）是指你與合作者一同參與的活動範圍。你們一起參與的活動越是多樣化，可能受到影響的成果範圍就越大，而關係就越相互依賴。
- **強度**（Strength）關乎你和合作者對彼此的行爲、決定、計畫、目標、成就等層面的影響程度。如果你和合作者對這些成果有重大的影響力，那麼，相較於無論多麼努力都難以撼動對方的關係，你們的相互依賴程度較高。

你可能已經注意到，第三章提供的所有策略都是爲了**改善關係品質**。雖然你有時可能會不想出那麼多力氣來做這件事，但無論如何都不可能故意降低與合作者的關係品質。

然而，相互依賴並非如此。每一個層面——頻率、範圍及強度——都是一個刻度，可以透過調整來增減相互依賴性。這一點很重要，**因為要從「討厭合作」轉變為「成功合作」，你就需要彈性地調整相互依賴關係**。在第五章，我們會討論需要使用不同策略的情況。

調整【頻率】刻度的四種策略

當你花更多時間與合作者相處時，相互依賴的可能性就會增加。然後，調整頻率刻度，就意味著要依比例增加或減少互動時間。在職場中，由於你可能沒有能力或權力做出所有改變，以下提供四種可以考慮採用的策略。

①改變上班時的正式互動時長

有一些會議流程已行之有年，沒有人知道是從何時開始的；有些則可以隨著人員及專案需求，有調整、改變的空間。如果你的同事有意願調整會議的步調，你可以藉由這樣的提議來增加相互依賴程度：「每星期再加開一次簡短的會議有助於保持前進的動力。大家是否願意接受？」或者，你也可以減少相互依賴程度：「大家願意改成隔週開會嗎？現在，我們每個禮拜似乎都在討論相同的內容，因為會議的間隔時間太短，並不足以讓我們推進工作進度。」如果你和合作者通常是肩並肩坐在一起工作，你還可以增加或減少這種工作形態的頻率，以調整相互依賴性。

② 改變上班時的非正式互動時長

創造更多非正式互動的選擇，包括詢問同事是否願意與你一起「散步聊天」（不論透過實體或電話進行都可）、一起喝咖啡或共進午餐（一樣可以是實體或線上）、在某人的辦公桌旁停留，或直接傳訊息給他們，要求進行即興的腦力激盪會議。這類舉動可以藉由提高影響的頻率，來增加相互依賴度。

相反地，減少非正式互動時間，也有助於減少相互依賴度。根據公司的政策及規範，你可以在你的行事曆上設定「請勿打擾」的時間、在辦公桌上放一個小立牌（就像巴西燒烤餐廳裡會使用的那種），以表示你是否願意被打擾，或和你的同事們談談重新設定界限。要開啓這種對話，你可以這麼說：「我很喜歡和你一起進行這個專案，但我有時也需要關注其他工作。我建議可以設定一份文件表單，我們把想要討論的問題及議題寫上去，在預定會議時再來針對這些事務進行實際討論，這樣我就能有效集中注意力。不知道這對你來說可行嗎？」

③ 改變你要花多少時間來思考合作相關事務

對負面事件的反覆思考會跟著我們回家，打擾我們的家庭時光，讓我們徹夜難眠，甚至以某種方式綁架我們的思緒。如果你發現自己反覆想著同事說過或做過（或沒說過、做過）的事，那麼，你在心理層面就也與他們同在。即使合作者並不實際在你身邊，他們也會造成一定的影響力，從而增加相互依賴度。要減少反覆思考，請試著：

- 花五分鐘將你的思緒寫成日記，作爲工作日關機儀式的一部分。
- 進行簡單的正念練習（有很多應用程式及網站提供錄音檔，幫助你進入充滿禪意的花園）。
- 藉由運動來宣洩壓力。

- 限時（例如三十分鐘）深入地探討問題，找出擔憂背後的核心需求或恐懼爲何，接著確立明天可採取的一項步驟，來幫助你解決問題。

相反地，你也可以多多思考自己與合作者之間的事，以增加相互依賴度。以下提供兩個例子：

- **思考你對合作者的感激之處**。例如：他們在你進行簡報時給你一個令人寬慰的表情、他們講了一個讓你微笑的笑話，或他們在你發出電子郵件給全公司之前幫你抓到一個錯字。
- **制定關係的反思計畫**。問問自己：在哪些方面，我爲合作者帶來了積極或消極的成果？在合作中，我在哪些方面做得很好，可以持續維持下去？我有什麼地方做得不好，應該中止或加以改變？這個星期，要實際做出改變的話，我可以採取哪三個步驟？

④ 改變對回應時間的期望

先暫時將鏡頭拉遠，回想一下，這些改變共處時間的策略，都是爲了調整合作者相互影響的頻率。當我們考慮最後一項建議「改變對回應時間的期望」時，務必把這個重點牢記在心。

正如領導力研究學者羅柏・克羅斯（Rob Cross）在著作《突破協作過度》（*Beyond collaboration overload*）中指出[7]，有一件事會阻礙我們及同事確實把工作做好，那就是我們期望彼此不論是在白天或晚上，甚至是週末，都維持著密切聯繫、隨時有空，而且立刻回應。科技當然也助長了這種難以止息的火焰。一整天下來，你會收到來自不同合作者、各種應用程式的侵入性通知。除了科技之外，大家對回應的期望，造成合作者之間相互影響的頻率猛烈飆升。這正是合作所造成的工作超載。

爲了保護自己及他人免於這種影響，你需要降低彼此隨時有空、即時回應的期望，以減少相互依賴。爲此，克羅斯提供了一系列絕妙的解決方案，包括：

• 設定期望（請參閱第三章以瞭解相關原則）。
• 共同打造解決方案（由於許多人都有這個困擾，你很可能發現其他人也渴望找到解方）。
• 建立自己的例行程序，決定何時以及如何回應他人尋求協助的請求。

另一方面，你還可以藉由提高對回應的期望，來增加相互依賴性。例如，在進行設定期望的對話時，就可以針對回應時間和回應窗口等事項來設置團隊標準。如果在大家都同意週間工作日得要在二十四小時內回覆訊息，卻有人花一個星期來回覆緊急電子郵件，那麼，你們就有立場委婉地追究責任。

調整【範圍】刻度的一項策略

當你與合作者參與的活動範圍越來越廣泛時，也可能增加相互依賴。例如，如果你和漢娜每個月發布一次電子期刊，但你們並沒有一起進行其他事務，那麼，漢娜影響你的能力就相當有限。相反地，如果你們兩人都扮演了計畫、協調，以及開展所有對外溝通的角色，並同時都在招聘委員會中，你們的孩子甚至在同一個女童子軍小隊，那麼，相互依賴的可能性就會更大（如果童軍團的領導者又要求你們共同率領今年的餅乾銷售活動，那將會有更多相互依賴的樂趣）。

增加或減少共同行動

概念上而言，改變你與合作者一起參與的活動範圍似乎很簡單。減少一起進行的事務就可以減少相互依賴，參加一起進行的事務就可以增加相互依賴。太簡單了，對嗎？

不完全如此。雖然例行會議、嚴格的流程、精確的職務分工及書面政策，在打造明確可見、能夠讓工作順利完成的路徑上，都發揮了寶貴的作用，但也可能會讓即時或暫時性的調整變得困難，你和合作者的活動範圍因而也難以改變。

在這些因素的限制下，要找到減少共同行動（從而減少相互依賴）的方法就特別具挑戰性。因爲我們依然得完成自己的工作，如果我們自行決定不執行分配給我們的某些任務，可能有失去工作的風險。因此，減少共同行動或許不是在所有情況下都可行的做法。

也就是說，你可以考慮向管理者提出以下要求：

- 「爲了優先進行專案A，這一季剩下的時間我想先暫時擱置專案H。」
- 「如果我進行合作的是專案A而不是專案B，對我而言會是一個很理想的機會，因爲我就能證明自己準備好迎接下一個職位了。」

管理者應該仔細瞭解這類請求背後的需求，包括探詢是否可以透過減少相互依賴來改善合作難題。

相反地，在許多職場中，要擴大與合作者一起參與的活動範圍是比較容易的事。你可以提出類似這些請求：

- 「我們已經準備好要爲公司迎接新的挑戰了。」
- 「在Y專案中擔任X角色，一定可以幫助我實踐最近的培訓課程，並強化新的學習成果。」

調整【強度】刻度的五種策略

現在，我們來思考一下合作者之間能對彼此的結果、行爲、決策、計畫及目標所產生的影響力。研究職場團隊的研究者，往往對影響力的兩個層面感興趣：工作架構是如何建構的*，以及如何衡量並獎勵工作成果*8。這兩個層面形成了在合作中調整相互依賴關係的五種策略；前兩項策略側重於工作架構，後三項則是工作成果的衡量及獎勵方式。

—①改變工作流程的設計方式—

工作流程可能被設計成協作者必須相互依賴才能獲取關鍵資源，所以要完成工作，就需要協調彼此的行動[9]。

而大多數的團隊合作有三種協調方式[10]。第一種是工作分別進行，然後一同彙整，形成最終成品。這是許多學生完成團體作業使用的「**分頭進行**」法——你寫簡介、我寫方法，而山姆負責結果。這樣的合作方式，將個人的部分結合成一個整體的成果，在相互依賴的等級較低。

第二種方法是相互依賴程度再更進一步的「**依序式相互依賴**」。個人按照已知的線性順序來處理專案，每個人都可以增添或利用現有的內容。請想像有一個內容創作團隊，其中A與部門負責人一起擬草案和審查完稿。A將最終定稿交給B，而B負責從公司的資料庫中尋找適合放在網站的圖像。接著，C根據這些資料草擬一個網頁，然後交給部門負責人批准。所謂「瀑布式專案管理」就是仰賴這種接力的

---

*作者註：組織研究人員稱此為「任務相互依賴」（task interdependence）。但為了清楚起見，我不會在文本中使用這個名稱，以免與「關係相互依賴」（relationship interdependence）有所混淆。

*作者註：組織研究人員稱此為「成果相互依賴」（outcome interdependence）。但為了清楚起見，我不會在文本中使用這個名稱，以免與「關係相互依賴」（relationship interdependence）及「成果」（outcomes）有所混淆。

方式來進行。

最後一個方式爲「**互惠式相互依賴**」，它的相互依賴程度最高，可靈活且快速調整，也充滿了反覆溝通（不出所料，「敏捷式專案管理」就被涵蓋在這個方法中）。例如，在會議策畫團隊中，專案主席決定主題，並提供初步的夢幻講者名單。文案寫手則準備一些初步的行銷文案，過程中不斷徵詢專案主席的建議，然後發送給專案助理，以便他們能開始邀請講者。隨著陸續得到回覆，文案寫手更新了行銷文字，以好好宣傳這令人興奮的講者陣容。最終，溝通團隊編製了一份計畫草案，但由於著名講者A要退出，因此又要進行修改。但不用擔心，專案助理可以找到人來填補這個空缺，但該講者只能在上午九點演講，所以團隊需要將休息時間往後挪三十分鐘……在相互交錯且密集的工作流程中，有很多不斷彈性調整及反饋的部分；因此，彼此之間具有高度的相互依賴性。

在此要特別注意：依序式相互依賴或互惠式相互依賴，不一定等同於繁瑣的官僚體制。在一些較大的組織中，工作流程確實可能相當複雜。例如，在進行採購時，當法務部的傑克還未確認安妮對子條款II.3.a.i的修改要求，是否全然符合今年委員會上季才表決通過新增一項條款的政策手冊之前，就無法處理採購訂單。這種複雜性可能讓行動窒礙難行，尤其當存在於溝通遲緩或不完善的組織文化中時。

然而，有規模的組織並不一定需要打造繁瑣的工作流程。一位來自大型社交媒體公司的技術負責人發現，對於想法和實踐的快速反饋，正是他們公司文化的一個特點。他評論道：「坦白說，這就像是看著一個龐大的巨人表演優雅的芭蕾舞，眞是令人讚嘆。」

② 改變獲取資源的方式

有時，合作者必須相互依賴，才能獲取專案的關鍵資源。如果只有一個人知道如何完成某項特定的任務，或所有與外部夥伴的聯繫，都必須透過單一窗口，甚至某個人是所有預算問題的唯一決定者，那麼依賴性就會變得很高。在此，我特別選擇了「依賴」（dependence）這個詞，而不是「相互依賴」（interdependence），因爲相互依賴需要「雙向」的依賴。

召集、分配、監控及管理觀點、資訊、專業知識及其他資源的過程，都是可能推動相互依賴的潛在因素。在工作上，我有多大意願和你建立關係以追求成功的程度，也仰賴你有多少意願及能力，在正確的時間召集合適的資源，反之亦然。

現在，我們來看看影響力的第二個層面：衡量和獎勵工作成果的方式。有些工作是「以團隊爲單位進行衡量、獎勵及溝通，來強調共同的成果，而非個人的貢獻」[11]。以下爲三種衡量績效及獎勵的策略，幫助你在團隊層面及個人層面之間進行移動。

③ 改變設定目標的方式

你可以決定是要針對個人貢獻，還是以團隊爲單位來設定目標。想像一下，有一家非營利組織的募款團隊，今年的目標是開發新的捐助對象，並從他們手中募集到一千萬美元。開發經理必須做出選擇，面對團隊中的五名成員，她可以指定每個人獨立募款兩百萬美元，這是以個人貢獻作爲目標的例子。或者，要求整個團隊一共要募款一千萬美元，這是以團隊爲單位來設定目標。團隊有共同的目標能夠強化相互依賴關係，而個人的目標則會削弱。

—④改變追蹤進度的方式—

你也可以選擇是要以個人還是團隊爲單位，來追蹤各項目標的進展。例如，募款團隊的數據報表顯示每個人籌到的資金，然後提供團隊整體的數據。或者，報表也可以只顯示個人金額或團隊金額。提供個人數據表明了個人的努力與團隊的工作同等重要，因此會削弱相互依賴關係。另一方面，如果只追蹤團隊的指標，則會加強每個人對彼此的影響（除非「我們」取得進展，否則我無法取得進展），從而促進相互依賴性。

—⑤改變獎勵和成本的分配方式—

任務是成功或失敗，也可以選擇用個人或團隊的表現來衡量。例如，如果我們的募款團隊達成了團隊的目標，那麼每個成員都可以領到相同的獎金；這種獎勵方法會促進相互依賴，因爲一個人的成果會受到團隊其他人的強烈影響。相反地，如果我們可以根據自己所募集的資金比例來分配獎金，就會減少相互依賴，並增加內部競爭。

有時，合作者會被要求對彼此的績效提供意見，而這個評價可能會影響加薪的幅度，這就是合作者影響報酬的另一種方式。實際上，有些人為團隊做出的貢獻充其量就是在摸魚，在大學教書的時候，為了防止這種人坐享其成、獲得高分，我會在學期中的幾個時間點，要求團隊的每個人評估其他成員付出的貢獻品質。然後，我會將這個數據納入該位成員的個人評分，這和小組成果的總評分是分開的*。

職場中也有類似的同儕表現評估，像是用歡呼或彼此擊掌，來感謝某人對你的工作或合作體驗有正向的貢獻。當同儕表現評估有更深遠的影響（如薪酬），對成果的影響就越強大，也會驅使更高的相互依賴。

還有許多一開始我們可能沒想到的獎勵，因為它們存在於非正式的管道。例如，合作者可以影響他人對你的評價，幫助或損害你進入專業人脈網絡的機會，增加或減少你受邀參加知名活動的可能性，或你被選擇向客戶介紹團隊成果的寶貴機會。因此，當你在考量增加或減少影響力的強度時，思考範圍得要超越正式的工作管道。

在本章結束之前，請特別注意，理想情況下，工作的規畫方式應該與工作的衡量、獎勵方式保持一致。如果你希望團隊成員有高度的相互依賴性，請確保你有依照這個目標來規畫任務及成果。如果你宣稱要大家一起合作煮一鍋「石頭湯」*，但後來進行獎勵的方式卻是看個人表現，那就造成了反效果。不論是老師、家長，或是寵物的主人都非常明白：**唯有獲得獎勵的事物，才會重複地發生**。

重點在這裡

✓ 根據相互依賴理論，在關係及互動之中，我們都在尋找可能發生

---

*作者註：我認識一位大學教授，他為了避免讓某些學生經歷到悲慘的小組合作經驗，而試著在學期初就指定一個不打分數的作業；他看學生的答覆有多麼仔細，來衡量他們的認真程度。後來，他依此來暗中將學生分配到不同的組別中，讓那些認真完成作業的學生分成一組，而敷衍了事的學生就只能困在同一組了。

*作者註：Stone soup，「石頭湯」為一個民間傳說，每位村民都貢獻一種食材，就可熬出一種美味的湯品，比他們獨自製作的料理還要好喝許多。

的最佳結果。

- ✓ 合作者最快樂的狀態，就是處於個人成果與貢獻比例相符的關係之中。
- ✓ 當各種活動的影響頻率很高且影響力很強時，合作關係會表現出高度的相互依賴性。
- ✓ 改變一起共處的時間、活動範圍以及規畫、衡量、獎勵工作的方式，就會改變合作關係中相互依賴的程度；這些變化可以透過調整相互依賴的頻率、範圍及強度來實現。

關鍵提問

- ✓ 我們所有人在合作關係中都努力要讓成果最大化，就你而言，合作的哪些益處是你特別重視的？又有哪些沉重的代價？你與合作者的回答在哪些方面一致？你們的共識程度，又會如何影響規畫或獎勵共同工作的方法？

✓ 在合作關係中，你是否曾覺得自己獲得過多或過少的好處？這讓你有什麼感覺？你的合作者是否在某種程度上也察覺到你的感受，並跟你有類似的看法？你採取了哪些步驟（如果有的話），來重新建立彼此的平衡？

✓ 如果你在某個專案上有多位合作夥伴，關於你和每個人相互依賴的程度，你注意到了什麼差異？你與某個人的相互依賴程度，在哪些方面會受到你與其他人的相互依賴程度影響？

✓ 你的團隊已經考慮要在工作中運用本章的哪些策略？你認爲這種改變的意識，在哪些方面會影響團隊的相互依賴性、幸福感及效率？

✓ 考量你目前職場的政治、文化及資源的實際狀況，在改變相互依賴關係的建議中，哪一條較爲可行？

第5章

利用馬歇克矩陣改善合作關係

在第二章，你瞭解了馬歇克矩陣的兩個維度：關係品質及相互依賴。在第三章，你學會了有研究依據的關係品質提升策略。在第四章，你知道了怎麼藉由改變相互依賴的核心因素——影響的頻率、範圍以及強度——來調整相互依賴的程度。

現在，所有散落的碎片都放在桌面上了，我們就來完成拼圖吧。在本章，我會詳細描述一個DIY的自我引導工作坊，運用這些概念來強化你的合作關係。假設你想把關係從「討厭合作」轉變爲「成功合作」，首先有兩個大問題：你應該要做些什麼？以及，要什麼時候做？答案可能會讓你大吃一驚。

在進入工作坊的深入討論之前，我想先請你注意兩項資源，這在過程中能爲你提供幫助。

首先，下一頁的流程圖提供了工作坊的視覺概述。一般人通常會在六十分鐘內完成步驟1至6。如果你正在與一位或多位合作者一起完成這些步驟，你們可能會需要更多時間，來確保每個人的想法都有機會被傾聽及考慮。當然，歡迎你跳過或更動在你們工作環境中沒有意義的步驟。

其次，你可以掃描本頁的QR Code得到卡片的檔案。這些卡片將幫助你進行步驟3至6的互動，因此，你可以先列印出來。

最後，我要留下一些鼓勵的話：在這裡，我分享了我與客戶找出改善合作關係可行路徑的一套方法。雖然我列出了結構嚴謹的步驟，但你可以依照自己的需求調整，小心不要讓整個過程變得僵化乏味。要對自己有信心，盡情玩樂，多多透過這些步驟進行嘗試。你可以跳過一些步驟，或增加一些東西；如果這次在大家一起喝咖啡時進行，下次就挑喝雞尾酒的時候。

去實驗、去觀察、去接受失敗，但要玩得開心。

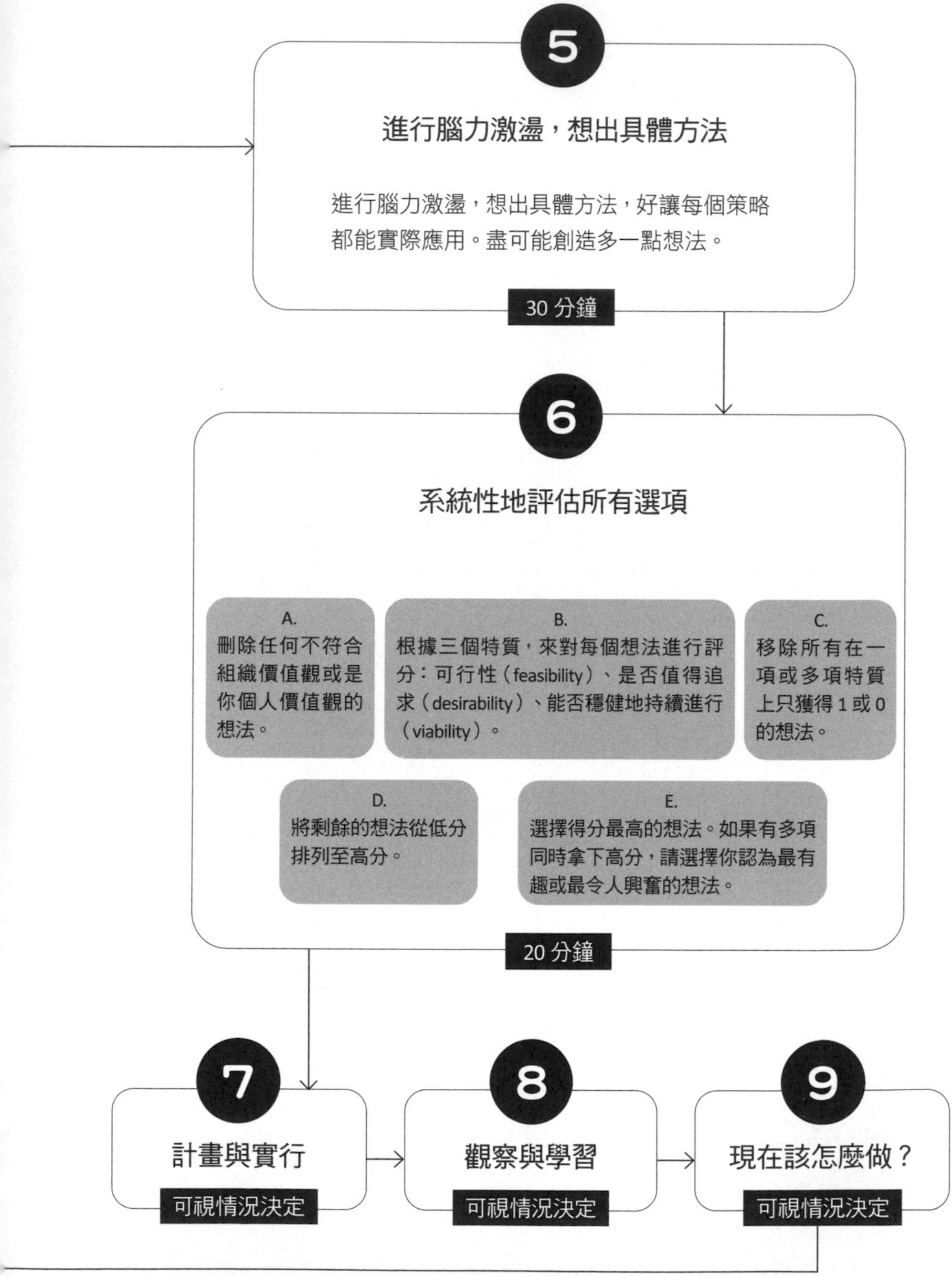

5

進行腦力激盪，想出具體方法

進行腦力激盪，想出具體方法，好讓每個策略都能實際應用。盡可能創造多一點想法。

30 分鐘

6

系統性地評估所有選項

A.
刪除任何不符合組織價值觀或是你個人價值觀的想法。

B.
根據三個特質，來對每個想法進行評分：可行性（feasibility）、是否值得追求（desirability）、能否穩健地持續進行（viability）。

C.
移除所有在一項或多項特質上只獲得 1 或 0 的想法。

D.
將剩餘的想法從低分排列至高分。

E.
選擇得分最高的想法。如果有多項同時拿下高分，請選擇你認為最有趣或最令人興奮的想法。

20 分鐘

7

計畫與實行

可視情況決定

8

觀察與學習

可視情況決定

9

現在該怎麼做？

可視情況決定

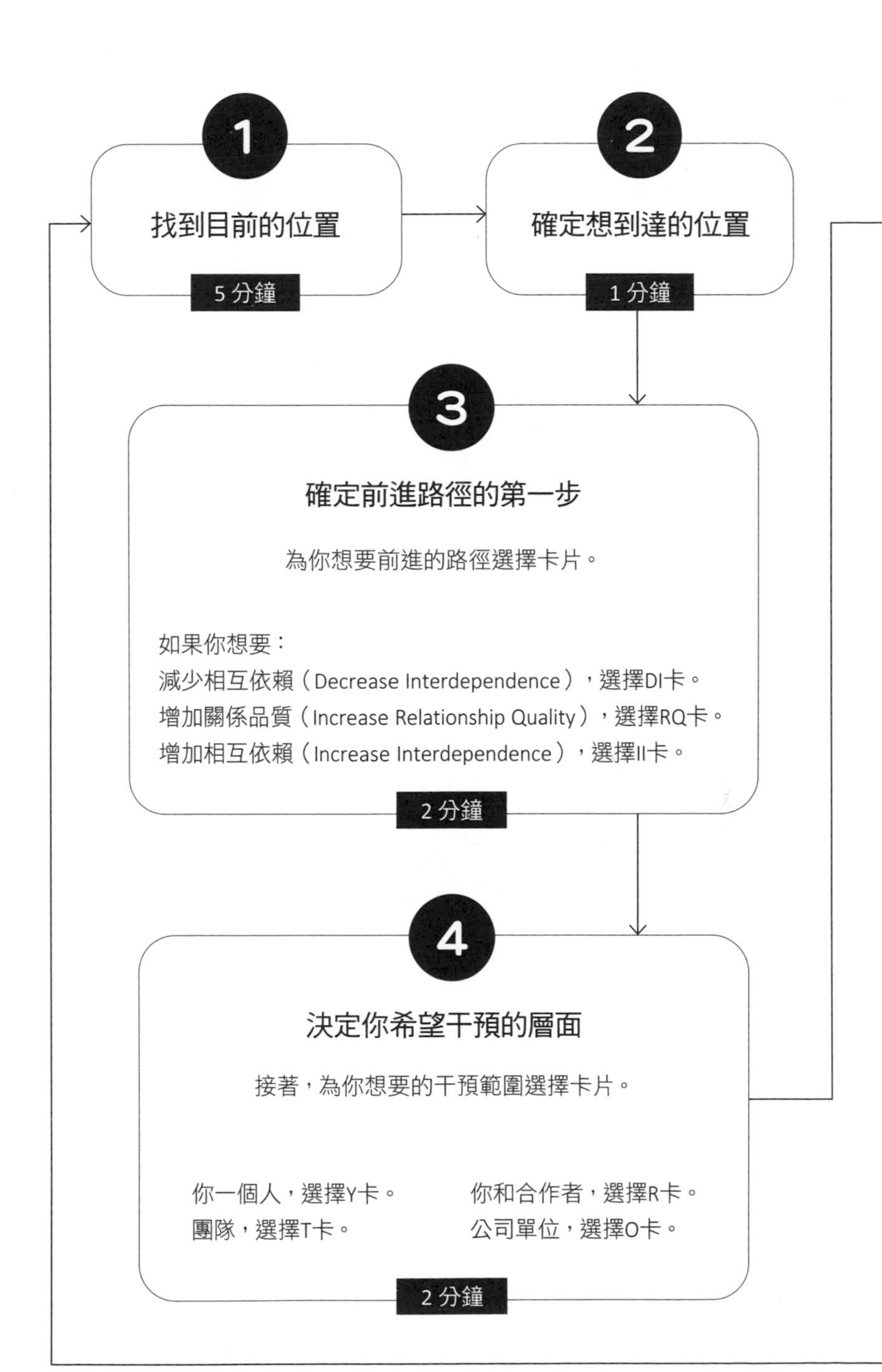
1
找到目前的位置
5 分鐘
2
確定想到達的位置
1 分鐘
3
確定前進路徑的第一步
為你想要前進的路徑選擇卡片。
如果你想要：
減少相互依賴（Decrease Interdependence），選擇DI卡。
增加關係品質（Increase Relationship Quality），選擇RQ卡。
增加相互依賴（Increase Interdependence），選擇II卡。
2 分鐘
4
決定你希望干預的層面
接著，為你想要的干預範圍選擇卡片。
你一個人，選擇Y卡。
你和合作者，選擇R卡。
團隊，選擇T卡。
公司單位，選擇O卡。
2 分鐘

步驟 1：找到目前的位置

要到達你想去的地方，首先要弄清楚你身在何處。想在馬歇克矩陣中找到自己的位置，請回到關係品質和相互依賴的定義，問問自己，你和合作者的關係在兩個維度相較之下是高或低。然後，簡單地選擇矩陣中，你認爲最能適切描述你目前情況的象限。

步驟 2：確定想到達的位置

接下來，進行一些反思，確定你想要身處矩陣中的哪個位置。雖然許多人都希望成爲「成功合作」*，但請注意：要到達那裡並長久維持，需要眞正的努力。用一個圓圈標記你在矩陣中想要身處的位置，並在旁邊寫下日期；如果有需要的話，爲未來的自己做一些筆記，說明你希望彼此的關係發展到這個位置的原因。

步驟3：確定前進路徑的第一步

「成功合作」涉及調整關係品質及相互依賴，而進行調整的順序，取決於你一開始身處的象限。前兩個章節已經討論過如何進行調整，因此在這一節中，我們將探討調整順序。這裡有一些小變化，請緊緊跟著我。

要讓任何關係從「高相互依賴及低關係品質」（討厭合作），直接轉換到「高相互依賴及高關係品質」（成功合作）的位置，都是一件超出合理範圍的難事。原因到底是什麼？好吧，當你非常關心的工作成果與合作者的行爲有緊密關聯，但你同時感覺自己和這個人的關係不太理想時，根本無法說服自己的心和腦「來把事情做得更好吧」。風險實在太過明顯。

因此，當合作狀態是以「討厭合作」開始時，**第一步應該著重於減少相互依賴性，而不是提高關係品質**。對於一些讀者來說，可能會覺得有違常理。

＊作者註：如果你的實際目標是接近矩陣中的「高潛力」，我也可以理解。正如我們的人生中無以容下一千位最好的朋友，在工作中也沒有空間容納一千個「成功合作」的關係。本章提供的方法仍然會為你帶來幫助，但當你到達想去的位置之後，就該停下來了。

討厭合作與不和睦的婚姻有著耐人尋味的相似之處。請想像一下，一段婚姻處於危機之中，夫妻已經相看兩相厭了，覺得大概只剩離婚這一條路。最後，他們決定尋求婚姻諮商的協助。幾次晤談下來，他們認爲彼此還沒有做好分開的準備，也都認爲這段關係還值得繼續努力。他們意識到，儘管彼此都懷抱良善的初衷，但改變的可能性幾乎是零，因爲生活在同一個屋簷下，那些觸發不和睦的因素及戲劇性情節就仍會重演。

這對夫妻決定保有一些小小的喘息空間，這樣雙方都能受益。最理想的第一步就是其中一人搬出去至少幾個月，這個做法降低了相互依賴性，因爲現在日常中能互相影響的機會減少，影響的頻率、範圍及強度都降低了。晚餐吃什麼、衣服要累積到多少才去洗、電視音量、孩子們晚上的例行公事、購買生活雜物帳單的數字、行事曆社交活動的密度等等，現在完全取決於個人。有了更多喘息空間後，他們就可以專注於改善彼此的關係品質。如果他們爲關係品質打造了更堅實的基礎，就能夠再度一起生活；也就是說，重建關係品質之後，就可以重建相互依賴。

在「討厭合作」的狀態下，合作關係也存在著相同的動態。首先，要找出減少

▼ 馬歇克矩陣中的關係移動方向

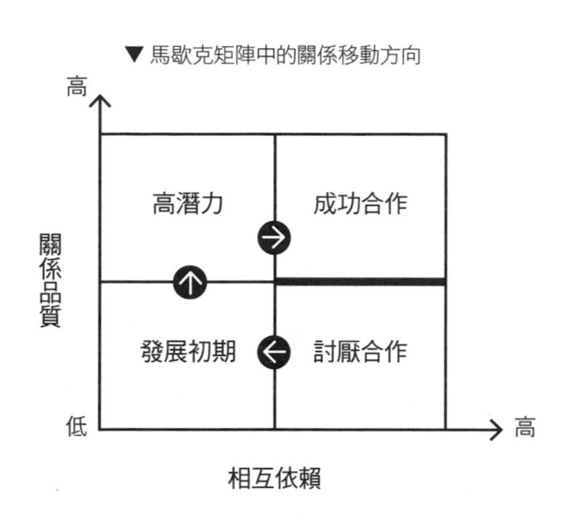

相互依賴的方法。如此一來，就能爲每個人提供一些思考及喘息的空間，並努力改善關係品質。

接著，要從「討厭合作」到達「成功合作」，你需要繞開兩者之間的厚重磚牆，依循順時針方向進行：**首先，減少相互依賴，然後提高關係品質，最後再增加相互依賴。**

如果你已經身處在「高潛力」的象限，可能會想要努力增加相互依賴。請記住，這時也需要同時維護關係品質。如果增加相互依賴時關係品質卻下滑，你就有可能直接落入「討厭合作」的象限。忽視人際關係品質，後果得要自行負責。

當你標出自己在矩陣中的位置時，如果發現身處「發展初期」的象限，首先要關注關係品質的發展，接著才是增加相互依賴。

同樣地，許多剛建立的新關係通常處於「發展初期」象限；此時，在關係品質或相互依賴的層面，通常沒有太多累積。如果這是你目前的情況，請同樣先關注關係品質的建立，接著才提升相互依賴。先瞭解並喜歡彼此，再參與更加複雜且密切相關的專案。及早投入心力在關係品質好處多多，因爲新的關係在「發展初期」停留的時間越長，越有可能產生相互依賴；而與其讓這種關係在無意中邁向「討厭合作」，不如推向「成功合作」。

最後，如果你是已經身處「成功合作」的幸運兒，那就太棒了，來擊掌吧！繼續做你正在做的事情，同時培養關係品質及相互依賴。然而，與任何其他關係一樣，請不要滿足於現有的成就。還是要持續投入關係，並與你的合作者保持聯繫，確保他們有在關係中獲取所需。畢竟，需求及喜好會不時變化。要採取深思熟慮的行動，來瞭解並適應這些轉變。

很重要的是，矩陣的位置是動態的。我們不會預期一對已婚夫婦始終幸福快樂，尤其是在沒有持續維護關係的情況下；因此同樣地，我們也不應該期望合作關係在到達理想的「成功合作」狀態後，就奇蹟般地恆久不變。一旦有新的合作者或新老闆加入、客戶關注的事務有所轉變、面臨巨大的挑戰、獲得意想不到的成功等等，都可能讓你迅速移動到另一個象限。這些都是意料之中的事，沒關係的。應對的訣竅就是注意到何時產生了改變，並有意識地進行補償工作，以重新建立理想的狀態。

預先警告：直接從「討厭合作」到「成功合作」雖然有其難度，但反之則不然。想像一下，在「成功合作」和「討厭合作」之間的那一面大磚牆上，有一個未覆蓋的下水道出入孔。在合作過程中，只要發生一個重大的違規行爲，就可能讓你快速跌入那個出入孔。然後，想不繞遠路走回原地，幾乎是不可能的事。

在繼續執行步驟4之前，請確保你已經清楚第一步要做什麼。你是否要嘗試降低相互依賴性、提高關係品質或增加相互依賴性？

現在，拿起你在本章一開始影印的卡片組合。找到屬於你第一步的所有卡片。

- 左上角寫著「DI」的卡片：有助於減少相互依賴性。

- 左上角寫著「RQ」的卡片：有助於提升關係品質。
- 左上角寫著「II」的卡片：有助於增加相互依賴性。

只保留涵蓋你第一步想法的卡片，其他的就先擱置一旁。

步驟4：決定你希望干預的層面

你是一個獨立個體。我的意思不是「你是如此獨一無二、亮眼、閃閃發光的存在」那種說法，而是更接近「你是與他人不同的一個人」。你跟每一位合作者都有某種關係，其中有一些合作關係可能存在於特定的團隊之中，而該團隊可能在一個組織內（或是跨組織）行使職責。

就像俄羅斯娃娃一樣，個人、團隊及組織是層層疊疊嵌套的關係。想要改善合作，我們可以選擇其中一個或所有層面進行干預。而且，由於一切都相互關聯，我們在其中一個層面所進行的改變，也會影響其他層面。

這意味著，在把合作關係從「討厭合作」轉變爲「成功合作」的過程中，你有許多不同的槓桿能加以利用。有些人關注的是個人，或是與他人之間的關係，而有些人則聚焦於團隊，或更大的組織。

前兩章提供了降低及增加相互依賴性（第四章）、提升關係品質（第三章）的策略。下頁全數列出，並指出每種策略可能適用於哪些層面。

減少相互依賴性	你	關係	團隊	組織
減少上班時的正式互動時長	●	●	●	●
減少上班時的非正式互動時長	●	●	●	
減少你用來思考合作相關事務的時間	●			
減少對回應時間的期望	●	●	●	●
減少一起進行的事務	●	●	●	
藉由把工作流程設計成「分頭進行」（或「依序式」），來減少任務的相互依賴性		●	●	●
放鬆對各項資源的管控			●	●
制定以個人爲單位的目標			●	●
以個人爲單位來追蹤進度			●	●
以個人績效來進行獎勵			●	●

增加關係品質	你	關係	團隊	組織
設定明確的期望		●	●	●
按照設定的期望行事	●			
不要編造故事給自己聽	●	●	●	●
承擔責任	●			
做出積極反應	●			
帶上甜甜圈吧	●			
談談你自己	●	●	●	

培養「我們感」	●	●	●	
求新與挑戰	●			
增加情緒穩定性	●			
增加親和性	●			
增加盡責性	●			
增加依附安全感	●			

增加相互依賴性	你	關係	團隊	組織
增加上班時的正式互動時長	●	●	●	●
增加上班時的非正式互動時長	●	●	●	
增加你用來思考合作相關事務的時間	●			
增加對回應時間的期望	●	●	●	●
增加一起進行的事務	●	●	●	
藉由把工作流程設計成「互惠式」（或「依序式」），來增加任務的相互依賴性		●	●	●
對各項資源嚴格管控			●	●
制定以團隊爲單位的目標			●	●
以團隊爲單位來追蹤進度			●	●
以團隊績效來進行獎勵			●	●

你現在的任務，是針對你希望改善的關係，決定要將重點放在哪一個或哪些特定層面。

例如，如果你沒有能力、權威或善意來影響其他層面的改變，或在要求其他人參與之前，你希望自己先對現有問題做出貢獻，那你可能會想先從自身著手。

由於我們的最終目標是改善關係，你可能會想要從與特定合作者的關係開始。我要再次提醒，如果你自己的狀況沒有先改善，試著叫另一位合作者坐下來解決關係問題，不是明智的做法。你也有可能希望從團隊層面做出改變，因爲不想被認爲是想要斷開或放棄團隊責任的無賴。不過，這依然不是好選擇。

另一方面，你也可能希望從組織層面著手，因爲問題太過巨大或根深蒂固，以致於小規模的努力不太可能取得實質進展。

當你考量哪種程度的干預最爲合理時，請記住，你可能並不完全瞭解其他人的感受，他們在合作中的狀態不一定跟你一樣；參加同一項專案的人員，也可能位在矩陣的不同位置。想像一下，例如，你位在「高潛力」象限，準備要增加相互依賴性；但如果你單方面這樣做，而合作者是處於「討厭合作」象限，你就會加劇他們的痛苦，唉。

如果你覺得這麼做很自在，也請與你的合作者談談你對目前合作體驗的感受。分享你注意到的那些值得擔憂的事，以及你對新的可能性懷抱的相信及熱情。你可以告訴他們你讀了這本很棒的書，讓你以新的方式思考合作這件事，或乾脆寄一本書給他們。然後，對他們的經歷表達好奇，詢問什麼方法對他們管用。邀請他們一起來評估合作狀況，以瞭解他們在馬歇克矩陣的位置。詢問他們是否有意願一同努力創造改變，以改善各自的合作體驗。理想情況下，你要盡可能讓更多團隊成員參與其中，這樣每個人的需求及偏好都可以被大家聽到，而每個人的想法都有助於塑造並實踐願景。當然，不論是大型團隊還是小型團隊，如果其中有個反覆無常又咄咄逼人的成員，就會嚴重破壞團隊的心理安全感，那就不可能實現願景了。

進行這些會談之後，請決定你是否要與他人合作來創造改變，或寧可從自己開始著手。根據你的情況及組織單位的領導結構，現在也可能是向你的主管表明你正在進行一些小實驗，想看看能否改善合作體驗的好時機。向外徵求關於計畫的意見、建議或提醒，都可能增加成功的機會。總結來說，並沒有一種適用於所有情況的方法，因此，請憑你的直覺去進行。

在前往步驟5之前，請確保你清楚自己想要探索哪一個或哪幾個層面：

• 只有你。
• 你與另一位合作者的關係。
• 團隊。
• 組織。

根據你的需要，選擇盡可能多或少的執行層面。請記住，如果你選擇在某個層面進行改變，並不代表你就得一直待在那邊。你隨時可以返回並嘗試其他方法。

現在，拿起你在步驟3結束時選出的卡片。卡片的右上角標有干預的層面：

• Y＝你自己（YOU）。
• C＝你與另一個合作者的關係（COLLABORATOR）。

- T＝團隊（TEAM）。
- O＝組織（ORGANIZATION）。

選擇你想要干預層面的卡片，其他的就先擱置一旁。

步驟5：進行腦力激盪，想出具體方法

第三章和第四章提供了「關係品質」和「相互依賴」這兩個維度的理論基礎。但問題在於，從這些理論基礎歸納出的策略缺乏實行所需的具體細節。因此，在介紹這些策略時，我也提供了幾個具體的例子，說明在現實生活中如何發揮作用。

如果你有照第三章開頭的建議，在引發共鳴的策略做記號，現在正是時候把這份想法清單拿出來。如果你沒有這樣做，也請不必擔心，你可以隨時回到前面參考我的想法。更重要的是，該來思考你可以怎麼做了。

以下提供一個實行的範例。請拿起你的卡片組合及一堆便條紙。在步驟4結束時，你牌組中留下的每張卡牌，都是能讓你在矩陣中進行希望的移動路徑的策略，並能在你選擇的干預層級上實施。請一張一張仔細察看策略。然後，在既有的環境條件下，盡量多思考能夠將這些策略付諸實踐的具體想法，並在每張便條紙上寫下一個想法。

例如，如果你想提高關係品質，決定採用**帶上甜甜圈吧**策略，並從個人層面開始改變，你可能會產生這些簡單想法：

- 顧名思義，把甜甜圈帶來。
- 整理大家抱怨個不停的資料夾架構。
- 修理莎拉椅子吱吱作響的輪子，這樣她移動時就不會再感到不好意思了。

或者，如果你希望使用**增加上班時的正式互動時長**策略，來增加團隊層級的相互依賴關係，你的清單可能如下：

• 每週安排第二次站立會議（Stand up meeting）。
• 要求與合作者進行一對一的站立會議。
• 要求召開會議來討論報告。

針對每個層級的每項策略，盡可能多生出一些想法。讓自己全面處於腦力激盪的模式，盡量不要一邊編輯或評估想法。並且，預先提醒你，有一些策略比其他更難產出想法。

在這個腦力激盪階段，徵詢信任顧問的意見可能會很有幫助。當然，如果你正在努力進行團隊或組織層級的干預，務必在每一步都持續而有意義地與他人互動。

當想法開始冒出來時，就把它們收集起來，放在大家都看得到的公共檔案。此時的目標是盡可能提出想法，來回答「我們能做些什麼？」及「我們該如何做？」這兩個問題。當你已經累積一堆點子，就可以繼續前往步驟6了。

步驟6：系統性地評估所有選項

這個步驟，是爲了確立前一步所提出的各種想法中，有哪些在當前的環境條件下是合理的。最理想的干預措施必須滿足以下四項標準：

- **價值一致**（Value aligned）：必須和組織及你的價值觀產生共鳴。
- **可行性**（Feasible）：在目前的環境條件下，這些想法是確實可行的。
- **是否值得追求**（Desirable）：這些干預措施對相關人員來說，都是積極正向的（記得我們在第四章討論的「關係數學」嗎？）。
- **能否穩健地持續進行**（Viable）：儘管可能因爲政治、人事或觀念而產生障礙，這些干預措施仍然可以實行。

請將這些標準牢記於心，並首先刪除任何不符合組織或你個人價值觀的想法，因爲那是行不通的。即使一個想法在組織中被大力宣揚，如果它不符合你的價值觀，你也不會願意提倡。

接下來，對剩餘的每個想法提出下列三個問題。

- **問題1：在目前的環境條件下，這項干預措施是否可行？**請使用以下的回應量表來針對每個想法進行評分（可以直接在便條紙上記下你的評分）：

0 絕對不	1 也許不	2 我不知道	3 也許是	4 絕對是

- **問題2：這項干預措施，是否能為所有相關人員帶來理想的結果？**檢視成果是否對所有人都有利時，有許多潛在的考量因素，在這裡進一步反思有所幫助，例如：這項措施是否能改善人們的日常體驗、減輕壓力或消除工作的障礙？是否有助於解決大家的共同需求或在意的事？是否有可能帶來什麼危害？使用問題1的回應量表，來記錄你的評分。

- **問題3：儘管存有政治、人事或觀念上的障礙，這項干預措施是否依然可**

行？這個問題幫助你衡量是否存在可能讓前功盡棄，或令大家無所適從的障礙。儘管把障礙納入考慮相當重要，但並不是叫你爲了它們而放棄那些有高度希望的想法。相反地，當你知道可能會遇到哪些阻力時，就能找出該如何通過挑戰。同樣地，請使用前兩題的回應量表，來對每個想法進行評分。

現在，請回顧每個想法上三個問題的評分，移除拿到一個或多個0分的那些。並不是說你不能選擇它們，只是作爲第一步，最好還是從有更有前景的想法開始比較明智。

如果只剩下一個想法，你可以選擇返回步驟5，進行更多腦力激盪。或者，你可以帶著這個想法繼續邁向步驟7。

如果還剩許多想法，請分別將三個分數加總，並從最高分排到最低分。是否有一或兩個想法脫穎而出，來到最高位置？如果有的話，那你準備就緒了。但是，如果你加總後卻有一堆分數相近的想法，請試著限縮範圍（例如：刪除在三個問題中任何一項得到1或2分的想法），或選擇你認爲最有趣、最令人興奮的選項，然後邁向步驟7。

在任何時刻，如果你對手邊這些想法的數量或品質感到不安，這裡有可供考慮的兩種選擇：

- 請記住，你隨時可以回到腦力激盪的步驟。如果你上次是獨自進行，這次就讓其他人來協助你。如果你的思考夥伴在坐下跟你討論之前，至少已經閱讀了本書第二章到第四章，將會很有幫助。
- 回頭檢視那三個問題，看看你在0到4分的範圍內，是否爲每個想法進行精準的評分，以及是否有需要調整。這可能有助於讓總分產生更大的差距。

如果你眞的覺得沒有任何干預措施是合理可行的，那可能是因爲你的職場確實很難進行改變，或你正處於沮喪及無助的狀態，所以無法看見所有可能性。這是很正常的事，也並非你的錯，因爲你的觀點及想法本來就會被情緒影響。這就是頭腦的運作方式。

要擺脫這樣的困境，可以找一個對你目前職場有足夠瞭解的建設性盟友，爲你提供見解與回饋，你們也可以一起完成卡片分類。你可能會忍不住反駁盟友提出的每一個正向可能性，這時，請盡最大的力抵抗這種衝動。你可以試著這樣說：「我對此抱著開放的態度。」「也許可以。」和「我們來試一次看看吧，就當成思想實驗。」實際上，你還沒有決定任何事情。目前沒有任何風險，純粹的想像也不會浪費資源。因此，努力抱持開放的態度吧。

在這一個步驟結束時，理想的狀況是，你已經明白自己想要先啓動哪一項或兩項的干預措施。這並不代表你永遠不會嘗試其他做法，而是你知道凡事都要有個起點，而你也已經徹底想清楚起點應該在哪裡，並瞭解到，自己無法一次做好所有事情。

步驟7：計畫與實行

我只會非常簡短地說明接下來的幾個步驟，因爲你已經撐過了步驟1至6的長篇大論，也因爲在很大程度上，你如何完成步驟7至9，將取決於你的工作環境、偏好的做事方式，以及你選擇的干預措施的複雜程度（我的意思是，做事就實際一點吧：如果你眞的決定要帶甜甜圈給同事，只要在行事曆中加入提醒：某天上班的路上記得順道去甜甜圈店，就能順利完成任務）。

步驟8：觀察與學習

任何干預措施，都不是能一夜之間奇蹟般地改變合作關係體驗的祕密武器。就像開大型遊艇一樣，要讓遊艇調頭需要一些時間，你也需要進行一些細微的調整。沿途請不時停下來反思。提醒自己現在在做什麼事，以及這樣做的目的（例如：「我正在有意識地進行自我揭露，因爲想要提高與同事的關係品質。」）。接著，問問自己：

- 我是否按照計畫實行了干預措施？如果沒有，那是爲什麼？
- 干預措施是否產生了預期的效果？我怎麼知道？
- 是否有任何意想不到的成果，不論是正向還是負面的？
- 到目前爲止，關於干預措施的效果，我學到了什麼？

步驟9：現在該怎麼做？

你是否成功獲得了進展？也許在提升關係品質的層面，你有一些小小的進步，但感覺仍然有很長的一段路要走。太好了！或許你可以給這項干預措施多一些時間去產生影響，或試著加入其他想法。你也有可能已經朝著你的目標前進了整整一個象限，太棒了！請再次回到步驟3，為路徑上的下一步移動（即增加關係品質或增加相互依賴）重複這些步驟。

工具箱

提醒和建議

建議1：沒有一種方法可以放諸四海皆準。我們必須對既有的模型或流程進行調整，並按照自身需求來應用理論基礎及策略。

建議2：不要指望能快速修復。如同所有關係，合作關係是隨著時間發展的。因此，堅持不懈並有意識的努力正是關鍵。

建議3：從小處著手。對合作關係中所有微小調整產生的影響保有好奇心。與其試著一次就改變一切，提出一個令人不知所措、難以堅持又浪費資源的提議，倒不如從小處著手。觀察這裡進行的一點小動作，是否以及如何引起另一頭的回應。看看能否建立一個正向改變的良性循環。

建議4：像實驗研究者一樣思考。從實驗研究人員的心態出發，努力強化合作。假設你手上有一個理論模型，在實施不同方法時，也預測一下你期望看到哪些成果。一次變動一件事，然後觀察產生了哪些結果，接著再做一次調整。觀察、調整、不斷學習。

建議5：保持透明。無論你是個人貢獻者、團隊負責人還是高階主管，請清楚說出自己的本意，並說到做到。在任何關係中，這都是一項絕佳建議，但在合作關係尤其重要，因爲透明度可以建立信任。對於自己的目標、意圖或方法，如果你有所保留或口是心非，最終還是會被發現，而且你的同事會覺得被利用了。你將會需要很長一段時間，才能重新贏得他們的信任。

建議6：共同創造。即使你有權力這麼做，我還是要提醒你不要充當唯一的「決策者」，認為只有自己知道這段關係需要什麼，以及如何達到目標。讓你的合作者參與想像及實踐的過程，想辦法以有意義且堅持不懈的方式邀請別人。將他人的需求及利益和你自己的同等看待，並向他們學習。總結來說，就是盡可能共同創造。

建議7：抵抗制式化的誘惑。特別是當你和團隊很長一段時間都處於「討厭合作」的狀態時，任何能提供緩解或積極發展的干預措施，都會被視為天賜的祝福。因此，你可能會有種衝動，想將這些策略訂為SOP，希望能緊緊抓住進度。但是，請忍耐一下。制定新政策或是拘泥於形式化，會讓人覺得你不重視關係，就算你希望改善的核心恰巧就是關係。此外，如果你身處一個典型的公司組織，過時或無效的政策很少會被淘汰，這也意味著，干預措施如果有一天產生了負面且意外的後果，表示它可能也已經僵化了。

建議8：努力維護關係。沒有用心維護，人際關係就會惡化。而且，在合作的情況下，如果關係品質下降，就很容易從「成功合作」跌落至「討厭合作」。

重點在這裡

- ✓ 理解馬歇克矩陣的兩個維度，以及每個維度的具體調整策略，能夠讓你清楚知道如何從你現在的位置到達你想要的位置。
- ✓ 要從「討厭合作」的狀態轉變爲「成功合作」，首先要做的是減少相互依賴，接著提高關係品質，最後再加強相互依賴。

✓本章提出的策略，可以應用於個人、關係、團隊或是組織等不同層面。

✓本章爲調整關係品質和相互依賴提供了可靈活變化的流程。

關鍵提問

✓在什麼情況下，你會傾向選擇從個人層面做出改變？關係層面呢？團隊層面呢？組織層面呢？

✓你認爲，個人層面的改變帶來最大的障礙及機會是什麼？關係層面呢？團隊層面呢？組織層面呢？

✓工作坊結束後，你有什麼樣的情緒？有什麼讓你覺得不錯或充滿希望？什麼又讓你感覺很糟糕，甚至覺得世界要毀滅了？你認爲這些情緒從何而來？

✓獨自完成這個工作坊，或是與合作者一起完成，你認爲各自的利弊是什麼？採取不同的方法可能會帶來（或失去）什麼？

第6章

趕緊閃人

假使你覺得還不明顯的話，我再重申一次：我喜歡合作，我熱愛合作，而且，我喜歡我的合作者們。儘管我熱衷於合作，但我並不會抱持著合作很容易的幻想，或者覺得合作關係會永遠持續下去。

有些合作關係在一開始就有時間限制，然而，也有些會在共同目標實現之前就宣告結束。它們可能洩氣、失敗、逐漸凋零、內爆，或以其他方式偏離正軌。當合作出現問題，或再也無法滿足你或組織的需求時，很可能就是該離開的時候了。

什麼時候該下車

一知道你離開的道路在哪裡一

合作關係最終會陷入泥淖的原因之一，是人們忽視了早期事情進展不順利的信號，因而堅持太久，遠遠超過應該停留的時間。因爲他們期盼事情會好轉，或想要避免衝突，迴避那些最後不是解決問題、就是讓專案直接告終的艱難對話。

爲了預防這些一發不可收拾的情況發生，請想清楚你在每個階段要投入到什麼程度，並瞭解你的退出時機。例如，如果你與另一家公司正在研究要共同創造新的產品，你可以先進行試探性的對話，並在最後決定要對這個專案說「不」還是「繼續」。當然，另一方也有權益這麼做。就像交友軟體的配對一樣，只有雙方都「參與」，事情才會有發展的可能；而答應第一次約會，並不代表你就願意同居。這裡的關鍵概念是，你想要參與合作或任何關係，都必須是出於自己的選擇，而不是因爲惰性、外力因素或不得不做。

不要將「合作」與「沒有衝突」混為一談

衝突不僅對工作有利，也是你作爲合作者的重要責任之一。

黎安・戴維是一位組織心理學專家，爲有遠見的最高管理團隊提供建議。在《良性衝突》（*The good fight*）這本書中，她揭示了衝突在組織中扮演的關鍵角色[1]。她提出了大約一百萬個要點，而我想特別討論其中兩點。

首先，如果你的工作涉及爲組織的利益做出決策，那你會希望會議室中有許多意見，而且每個人都能討論對立的想法，這樣才能找到一條最理想的前進道路。

正如一位專案經理所說：「我們的工作就是優化決策。該向客戶收取多少費用？該爲客戶做些什麼？該如何回應客戶？僅靠一個人的想法，是無法優化決策的。因此，我們需要許多聰明人的想法來不斷升級，進而做出正確的決策。爲此，我們必須進行合作。」一位老闆在面對公司新進成員沒有表達自己對專案團隊新方向的意見時，也說：「我們付薪水給你，不是要讓你參加會議，而是爲了請你提出意見。」

戴維將衝突比喻爲每個人都抓著防水布的不同邊角，試著在暴風雨中將防水布放在某個特定位置。如果有人鬆手，防水布就會在風中飄揚不定。如果有誰用力拉扯，就會拉走別人手中的布，這時布就又會在風中擺動。如果每個人都放手，掰啦，防水布。因此，**合作的關鍵就是平衡的張力**。

當然，問題在於，就像合作一樣，對於有建設性的衝突，我們很少有人受過完善的培訓。面對衝突時，我們往往沉默或暴力以對，而不是保持平衡的張力。

這引出了戴維的第二個關鍵要點：如果未能解決爆發的衝突，就會造成「衝突債」（conflict debt）。就像欠信用卡債一樣，未能還清衝突債的話，就會導致個人、團隊及組織隨時間而累積持續、沉重及不斷攀升的負擔。

就像並非所有團隊都能實踐建設性衝突，也不是所有人都具備這方面的能力。調解專家塔拉・韋斯特（Tara West），也是《調解中的自我決定》（*Self-determination in mediation*）[2]一書的合著者，指出「雖然衝突是任何關係中都自然存在（並且在許多方面都值得追求）的一環，但有些人比其他人更擅長解決衝突。當我們能夠調整自身的感受、放慢自己的反應，並在回應之前真正地傾聽，事情往往會進行得更加順利。雖然有些人比其他人更具備這些技能，但這些都是可以學習的。」

這些關於衝突的討論，跟合作有什麼關係呢？請記住，合作並不代表完全沒有衝突，建設性地應對衝突需要合作，而衝突本身的存在並非解除合作的理由。

那麼，退出合作的原因是什麼？

一當關係數學不成立時一

在第二章中，當我們初步接觸相互依賴理論時，就已經進行許多是否要離開關係、何時退出關係的討論了。雖然，你可能會合理地假設，我們只會在不開心時離開人際關係，但該理論卻有正好相反的預測。**我們不開心時不會離開關係，反而是認為另一種情境下可以得到更好的結果時，才會選擇離開。**

暫時回到第四章討論過的關係數學。前面說過，我們都在尋求成果最大化，並且：**成果＝獎勵－成本。**

根據這個理論，當成果遠遠超出預期時，我們就會對關係感到滿意。換句話說，在一段關係中，如果得到的至少與我們期望的一樣多時，我們就會開心。也就是：**幸福＝成果－期望**。

而且，如果我們相信在目前情況所獲得的成果，超越了在其他地方可以得到的，我們就會擁有穩定的關係（代表我們會堅持下去）。換句話說，除非我們相信其他地方的草地更綠，不然我們就會留在這段關係。在此總結：**穩定性＝成果－你認定可以在其他地方得到的好處**。

這些不同的「方程式」仰賴三個變數，即成果、期望，以及研究人員所說的「替代方案的水平」，這代表關係會有快樂且穩定、不快樂但穩定、快樂但不穩定、以及不快樂且不穩定等各種狀態。

這一段的關鍵要點可能會讓人覺得違反直覺：當我們痛苦時，我們不會離開合作關係，但如果我們相信在另一種情境下獲得的結果（另一份工作、另一個團隊、獨立創業）會比現在更理想，我們就會離開。這也意味著，你不會因爲你很開心，就永遠維持目前的合作關係——遠處可能會有更翠綠的草地供你探索。

一當你的需求不再得到滿足時一

我們合作，並不是因爲那會讓我們感覺良好，或它很容易，而是因爲預期的最終結果，與合作者們的共同目標及個人利益相關。

但是，讓我們面對現實吧，如果只是因爲最初參與者們有共同的目標及利益而促成合作，並不代表一定會繼續維持。彼此之間可能不再有相同的目標，或關注的利益改變，合作本身可能也早已產生變化。

如果一段合作關係再也無法滿足你或組織的需求，那麼繼續投入你的時間、才能、財富或其他資源，可能也就沒有意義了。投入不符合你個人或公司核心目標的努力，意味著你將會有更少的資源可用於更相關的工作。

這時，你有許多選擇。總地來說，你可以：(1)與你的合作者一起重新安排工作，讓它能再次提升你的利益，(2)結束關係（當然，得要有風度），以釋放資源，讓你投入更能促進你利益的工作，以及(3)改變你的利益。沒有一種方法是正確答案，但在做出決定時，你需要仔細考量對組織的使命及目標有什麼長遠益處。

出現批評、輕蔑、防衛、築牆

世界著名的關係治療師和心理學研究者約翰・高特曼，提出了所謂的「末日四騎士」（four horsemen of the apocalypse），分別爲：批評、輕蔑、防衛，以及築牆。這些行爲如果明顯出現在與配偶的溝通形式中，就會預示離婚。在高特曼的經典著作《七個讓愛延續的方法》（*The seven principles for making marriage work*）[3]中，他這樣描述這些騎士：

- **批評**（Criticism）：與抱怨相反，抱怨是針對某個人違反特定期望或協議的行爲，批評則是對一個人的全盤否定。
- **輕蔑**（Contempt）：表現蔑視的方式有諷刺、冷嘲熱諷、辱罵、翻白眼、嘲笑、帶有敵意的幽默、好戰及譏笑等，展現不尊重的態度及高於他人的優越感。
- **防衛**（Defensiveness）：提出理由或藉口來指責對方，或是以其他方式將自己的角色定義爲無辜的受害者。

- **築牆（Stonewalling）**：保持沉默、不理會、拒絕眼神交流及互動。

這些行爲在任何關係中都不是什麼好事，當然也包括合作關係。雖然我不曉得是否有研究用高特曼的理論來預測一個團隊的痛苦程度，及是否會解體，但我敢打賭，末日四騎士的存在就代表合作的毀滅。

在工作場所中，如果你發現自己或其他人表現出批評、輕蔑、防衛，或是築牆的態度，請注意，如果不及時並有意識地干預，關係便可能走向滅亡，而且波及到的不僅僅是關係最密切的人。一位導演這麼說道：「艾咪對我還不錯，但她與其他幾個人發生了衝突，主要是一些初階工作人員。情況變得很微妙，我感受到了權力鬥爭，但這其實是沒必要的。於是，我就和她保持一定的距離，專心做好我的工作，低調行事，繼續向前邁進。」

—當你心知肚明事情不會有任何改變—

由美國神學家芮因霍・尼布爾（Reinhold Niebuhr）撰寫的寧靜禱文（The Serenity Prayer），被全世界的戒癮行爲課程「十二步計畫」採用，它建議我們接受無法改變的，勇於改變我們可以改變的，並有智慧分辨兩者之間的區別。

尼布爾的建議也適用於職場的合作。我相信，無論是嘗試建立初步基礎，或是致力修復緊繃的關係，都值得我們以謹愼且有意識的態度進行合作。如同所有的關係，合作需要付出努力。

你個人可能做了所有正確的事。你在關係建立上的努力，可能比你職涯中任何時期都還要深思熟慮且堅持不懈。然而，合作本身或你與合作者的關係，卻仍然可能充滿痛苦及失望。

有時候，你也意識到，即使你已經盡了一切努力，想要讓陷入困境的合作關係重回正軌，這段關係依然欠缺成就感、毫無成果或無法維繫。同事可能不斷地搞破壞，團隊無法朝共有的期望邁進，組織也可能無法或不願意依據收到的反饋來進行調整。正如一位人力資源專業人士告訴我的：「如果你調查了員工的意見，卻沒對反饋採取任何行動，那就一點用也沒有——每年進行一、兩次的問卷調查是不夠的，光是這樣做並不能改變狀況。要創造改變，你必須反思人們說的那些行不通的事，並願意在未來以不同的方式行事。」

當一件事不再值得費力時，就接受你無法改變的事情。

接著，請決定你想要採取的行動，並同時明白無所作爲也是一個可行選項。根據你在組織中的角色及合作架構，你可以：

- 保持現狀／繼續努力。
- 進入「最低限度模式」（bare minimum mode），只做你必須做的事情，但僅此而已，節省你的體力、能量，來實現個人更高的抱負。
- 請求調動至另一個專案，加入可能更適合你、或更有能力實現健康合作關係承諾及潛力的團隊。
- 移除專案中的合作者。
- 退出合作關係。
- 辭職。

再一次重申，你有選擇的餘地。不要選擇你得一頭撞上「討厭合作」和「成功合作」之間那面磚牆的道路。如果以上一個或多個選項讓你感到不適，請特別注意這種感覺——它會告訴你應該拒絕走向哪幾條道路。

相信你的需求和偏好。拒絕那些無法或不願意在工作或關係上互相關心的人，不然你只會成爲受氣包。不要成爲逆來順受的受氣包，那會對你的靈魂造成傷害，而且只會讓目前的互動模式持續，也意味著你的影響力會不斷削減。

暫時進入最低限度模式，聽起來是合理的下一步。當然，問題在於其他人會注意到你的行爲，並根據他們的喜好對你進行各種評價。很少有觀察力敏銳的同事會說：「啊，沒錯，黛比想要擺脫團隊常有的那種不健康互動，所以進入了自我保護模式。我完全可以理解，這是很明智的策略。」他們更可能產生以下這種結論：「哇，黛比的工作狀態和投入程度眞是每況愈下。在她下次的績效考核中，我一定要提到這一點。我想，她根本沒有我以爲的那麼認眞看待職業生涯。」

雖然其餘的選項更有可能改善工作上的體驗，但也可能更加困難，因爲它們需要直接的行動及困難的對話。我不會輕率地建議這些選項，因爲我知道，不論是離開或要求他人離開都會帶來風險。你可能會擔心自己讓別人失望、過河拆橋、引起混亂，甚至是遭受攻擊。此外，還有沉沒成本的問題——在合作過程中，你早已投入大量的時間、精力及其他資源，如果選擇離開，可能會覺得投入的一切終將化爲烏有。我明白你的心情。

但事情是這樣的，要消除個人及人際關係的風險，或以最小化風險的方式離開合作關係，其實是有可能的事。訣竅是牢記「關係數學」，帶著坦率優雅的舉止，正面開啓困難的對話。正如一位顧問在我解雇第一位員工的前一天告訴我：「爲了組織，你得做你必須要做的事，但盡可能以最仁慈的方式執行。」

如何退出合作關係

如果你需要離開合作關係，或你需要請某人離開合作關係，可以參考以下列出的七項指導原則。

工具箱

與合作者分手的七項指導原則

與合作者結束關係雖然沒有萬能的腳本，但這些指導原則可以幫助你直接又友善地做到。

指導原則1：在完成你需要做的事情時，盡量減少對方的成本，並最大化他們的利益（沒錯，又是關係數學）。

指導原則2：說出你眞正的意思，並認眞看待你說出的話語。態度直接了當，不要將你眞正的訊息隱藏在模糊的語言之後。

指導原則3：尊重他人，這是無庸置疑的事，也要避免辱罵、貶低、指責、翻白眼、尖酸刻薄的言論等等。

指導原則4：進行面對面的談話（無論是當面或視訊通話），而不是透過電子郵件。當然，相較於寄出精心撰寫的電子郵件，許多人對於艱難的面對面談話感到更緊張。但是，書面文字很容易誤讀，而且幾乎不可能爲他人的反應留出空間。因此，如果目標是要有風度地解除關係、讓成果最大化，就更應該選擇勇敢面對。

指導原則5：簡明扼要。在一、兩分鐘內說出你必須說的內容。

指導原則6：留出空間讓對方說出他們想說的任何話，但不要辯論、反駁，或是捍衛立場等。

指導原則7：以一種你現在或將來回顧這一刻時，都會感覺良好的方式來行事。

請將這些指導原則牢記在心。以下也提供談話重點的模板。讓評論保持簡潔，快速進入主題，迅速結束，然後繼續前進。

- 說出這段對話的主題。令人驚訝的是，在各種提出分手的對話中，人們時常跳過這個重點，讓聽的人忍不住問道：「等等，你是要和我分手嗎？」如果你現在正是如此，把話說出來吧。
- 指出你（或組織）的需求與實際合作狀況之間的分歧。
- 直接說出你的決定。
- 確切保證會給對方適宜的過渡期。
- 提議在接下來的幾天內進行後續對話，以一同制定過渡期的計畫。
- 用電子郵件追蹤進度。

以下的工具箱提供幾個將此模板實際應用的範例：離開合作、移除專案中的合作者、請求合作者離開、要求轉移至另一個專案等情境。你的情況將會決定你有哪些選項可以採用。

工具箱

終結關係的四個範本

範本1：離開合作

「我想親自告訴你，我的組織已經決定結束我們參與Acme合作的計畫。正如我之前分享過的，合作的重點已經轉移，因此我們組織的需求不再得到滿足。今年結束時，我們就不會再爲這個專案投入人員、時間或其他資源。我承諾會與你一同設計對所有人影響最小的退出路徑。我希望在接下來的幾天內安排一次會面，一起來策畫這個程序。雖然我們必須與團隊其他成員分享這個消息，但我建議等到我們的計畫會議結束後，再告知其他人，這樣就可以提供更多過渡期的資訊。當然，我會透過電子郵件來跟進，正式確定我們的合作中止。到目前爲止，你有什麼問題要問我嗎？」

範本2：移除專案中的合作者

這個範本適用於有階層體系的合作關係——實際上有某個負責人擁有移除合作者的權力。當然，在某些情況下，合作其實是共同負責的關係，所以你不能憑著命令就把某人趕走。在這些情況下，分手的第一步是討論誰應該要離開，稍後會詳細介紹這一點。首先，這裡提供一個經理或主管可以在合作中請下屬離開的分手範本：

「我已經決定將你從Acme合作專案中移除。正如我在之前的談話裡分享的，關係品質是成功合作的關鍵因素。我從專案的其他人那裡聽說你曾缺席會議，而且在你參與的會議上心不在焉，也難以完成你的任務。這些行爲都害團隊無法在實現目標上有所進展。從今天開始，你不再是Acme團隊的一員。爲了盡量減少你離開時對團隊造成的干擾，我會直接和你一起合作，確保任何正在進行的工作都被順利移交回團隊。在我們會面後，我會發一封電子郵件給你，列出一份需求清單，而你需要在明天工作日結束前完成。我還會向團隊的其他人發送一封說明過渡情況的通知，並要求他們有任何問題或疑慮都直接向我提出。到目前為止，你有什麼問題嗎？」

範本3：一起討論請某位合作者離開

如果共同負責專案的某個合作者與其他人步調不一致（例如，三位新創公司的共同創辦人），則需要進行一種基於平等的夥伴關係所開展的對話，邀請所有人一起討論如何理想地向前邁進。以下是開啓對話的範本：

「我想討論一下我們對這次合作的不同願景，並決定如何以最理想的方式前進。在目前的狀態下，我們共同進行的工作並沒有使我（或組織）的利益獲得滿足。我們能否重新分配工作，以眞正推動每個人的利益？或更有意義的做法，是讓我們其中一個人離開這項專案。我承諾會進行一次公開且坦誠的對話，平等看待我們各自的需求。我們可以在下星期抽出幾個小時來深入討論我們的選擇嗎？看看能否找到一個彼此都滿意的解決方案。」

範本4：請求轉移到另一項專案

如果你是獨立貢獻者，無法做出離職這種戲劇性的舉動，或對這麼做不感興趣，那麼請求調動或許比較合理。你可以說：「我想調離Acme的合作專案。正如你從我們先前的談話，及問題解決的過程中瞭解到的，團隊的運作不太順利。我一直在努力改善這種情況，但並沒有成功。而我做出有意義貢獻的能力、我的投入程度及工作滿意度都受到了影響。我承諾會與你共同規畫一條盡可能對所有人影響最小的退出路徑。我希望在接下的幾天內安排一次會面，來一起討論流程。你有什麼想法嗎？」

關係終結後的成長

《比你想像中更加堅強》（*Stronger than you think*）[4]一書的作者蓋瑞．萊萬多夫斯基，研究了愛情關係消散後會如何影響個體。他的研究發現，我們傾向離開那些不能提供足夠自我擴張機會的關係。而令人驚訝的是，結束一段那樣子的關係，與提升正向積極情緒及更大的個人成長感有關。

如果一段合作不能滿足你的需求，那麼在解除關係後，可能會為你、你的組織，甚至是你的合作者提供全新的成長機會。

例如，你現在可能就有時間投入另一個有前景的合作夥伴關係。或者，你可以爲另一個有價值的專案分配更多資源，該專案也會因爲你集中投入而受益。此外，你也可以有意識地反思因爲這段關係而經驗的成長。

這些都是你可以從合作關係中帶走的潛在成長養分，即使關係結束了也一樣。訣竅就是對任何成長的可能性保有覺察，並有意識地利用它。

所有的關係終將結束

最後，以一個憂傷的概念來結束這個沉重的章節：所有關係都終將結束。與前述經過考量的分手不同，每一個合作專案都面臨著合作者突然不得不退出的風險。疾病、家庭緊急情況、意外事故和死亡都有可能發生。雖然我不建議沉浸在悲觀的幻想中，但我確實認爲，預想你或合作者有一天可能無法如期來公司上班，是有建設性的事——也是一種關懷的表現。爲了最小化有人突然離開對合作專案造成的破壞，請創造每個人都能共用、能夠看見彼此工作的系統。例如：

- 使用共享的任務清單或專案管理工具。
- 維護一個包含合作者、供應商及客戶的單一聯繫資料庫。
- 以其他人能夠理解的方式命名並整理相關檔案。
- 將這些檔案儲存在其他人可以輕鬆存取的資料夾中。

重點在這裡

- ✓ 衝突的存在不是終止合作的理由。事實上，衝突是「共同努力」的過程中一個相當重要且有價值的層面。
- ✓ 當我們感到痛苦時，並不會離開合作關係。但如果我們相信另一段關係的結果會比現在的經歷更理想，我們就會離開。
- ✓ 如果一段合作關係再也無法滿足你或組織的需求，請思考你是否要繼續投入時間、才能、財富或其他資源到共同業務中。
- ✓ 如果批評、輕蔑、防衛以及築牆的態度阻礙了合作，這段關係就可能走向滅亡。
- ✓ 有時，儘管付出了很多努力來挽救合作，你還是會意識到這段合作關係必須結束，而優雅又機智地結束關係是有可能的。
- ✓ 即使合作關係結束，我們還是可以獲得個人及職涯上的成長。
- ✓ 雖然我們都不喜歡思考自己或他人的離去，但在合作中思考這件事，代表即使有人無法參與，共同的工作仍可以繼續進行。

關鍵提問

✓ 關於衝突、合作以及兩者之間的關係，你抱持著什麼樣的信念？這些信念如何影響你退出一段合作關係的意願？

✓ 假設你參與的合作關係應該要結束，但你仍堅持下去，你認爲對於你、你的合作者、工作和你的公司而言，可能會有哪些結果？在所有結果當中，哪一個看起來最有可能？哪一個最理想？總地來說，不採取行動結束關係的代價是什麼？

✓ 回想一下，你現在或以前曾參與的一次負面合作經驗。你會如何修改我提供的分手範本，使它更適用於你的情況，並更有成效？

✓ 想一想你過去的合作關係，不管最終是如何結束的，至少找出三個你因爲那段關係而獲得的成長。關於你自己、你正在努力解決的問題、你的合作夥伴或合作過程，你有什麼新的認識？這段關係爲你提供了哪些新的技能、觀點、資源，或是身分？你將如何把這些經驗帶到你的下一個機會？

✓ 你和你的合作者目前採取了哪些保護專案的措施，以防有人突然退出而讓專案受到嚴重影響？你認爲還有哪些步驟值得採取？

第7章 嘿，你是合作大師！

來花點時間回顧一下目前爲止的內容。我們首先從較爲宏觀的視角切入，講述合作不僅富含潛力，同時也充滿挫敗。合作之所以如此困難，一方面是因爲人際關係本來就困難重重，另一方面則是因爲鮮少有人學過如何建立健康的合作關係。這一點也不奇怪，而許多人對這個必不可少的過程有著複雜的心情。

在第二章，我們探索了馬歇克矩陣，以瞭解如何將你的合作關係從「討厭合作」轉移到「成功合作」。從關係心理學的實證研究中得出的策略（第三章和第四章），讓必要的調整成爲可能。重要的是，你進行這些調整的順序，取決於起始的象限，第五章強調了這個要點，並提供一個可自行操作的工作坊，將矩陣中的策略應用到眞實世界。

第六章說明不一定要在合作關係中堅持到底，特別強調從合作關係中離開，有時才是正確的做法。接著我們來到第七章，你已經瞭解並知道如何增進職場合作關係，現在，你站在廣闊的可能性面前，敞開的大門激發著你的好奇心及探索精神。

作爲一個強大的合作者，你將被邀請進入這些大門，先前鎖上的門也會打開。合作將成爲你的一把鑰匙，你不僅能用它完成工作，也能讓職涯取得進展，並增加你在這個世界的影響力。

因此，在第七章，我們要探討該對哪些機會說「好」、當你負責領導一個合作專案時要考量什麼事，以及如何在工作場所外使用你的合作技能。最後，我會提出一些建議，幫助你努力推動合作精神。

該對哪些機會說「好」

良好的合作相當困難。正因如此，有些人會完全避開合作。他們可能自願選擇不需要合作的職業、拒絕合作的機會，或破壞共同的工作，導致他們再也不會被邀請合作。無論用什麼形式表達「不」，每次都拒絕合作並非是好事。這不僅破壞了個人的發展及工作的晉升機會，更重要的是，這代表你無法應對世上最複雜的挑戰，也無法實現最深遠的可能性。

另一方面，若對眼前所有合作機會都說「好」，其實毫無意義，因爲我們沒有那麼多時間和精力。當我們對所有事情都說「好」時，實際上是在說「不」，因爲我們的努力將不斷被稀釋、分散，到最後根本等於無所作爲。而且，讓我們面對現實吧：並非所有的合作都註定成功。有時在一開始，就能看見成功的骨架或預示失敗的紅旗。此外，我們不會都剛好是每個專案最理想的人選，參與專案也並不總能提升我們自身的利益，更別說是有助於大局了。因此，對所有事情說「好」或「不」，都一樣沒幫助。

那麼，你應該對哪些正確的機會說「好」呢？

- 與你的價值觀、目標和利益一致。
- 你有能力爲其做出有意義的貢獻。
- 可用的資源與任務的規模相當。
- 有能力做出有意義貢獻的優秀合作者也參與其中。

接下來，我會詳細討論上述的每一項，但首先，我要提醒大家：**當四項篩選條件中有任何一個不滿足時，這幾乎肯定不是個適合你的合作機會**，說「不」吧。然而，當福星高照，這些標準都同時備齊呢？請說「好」。這（幾乎）註定是一段成功合作的關係。

無論你考慮合作的首要因素是什麼，都請謹慎做出關於合作的決定。不要盲目地進行合作，就像戀愛中的情侶有時會因爲同居多年而選擇結婚，只因爲這似乎是顯而易見的下一步。考量到合作失敗時所面臨的風險，請慎重地對這段重要的關係說「好」。而一旦做出承諾，就要付出努力來做好這件事。

一對一致的價值觀及利益說「好」一

時間太寶貴了，不值得浪費在與你的價值觀有所分歧的工作。請將時間花在對你來說重要的事情上，這不但是人生的好建議，更是合作關係的絕佳建議。要持續投入欠缺共識的工作可是件苦差事。

的確，很少有工作可以讓人完全自主決定如何分配每一分鐘。但是，當你獲得自由的決定權時，就得要愼重選擇。無論是評估一個新機會，或決定從你的工作中刪減哪些既有的承諾，都要拒絕那些與你的身分或價值觀不符合的，然後答應那些與你個人價值觀契合的機會。

同樣地，你也能對符合個人利益的機會說「好」。人們有時談論合作這件事，會講得好像是一種無私的行爲，但事實並不是如此。

你在團隊的工作要眞正能夠爲更大的利益持續做出貢獻，很重要的一點，是瞭解你自身的利益如何透過工作獲得滿足。有些人可能想要得到認可，或期望找到更簡單的商業模式，也可能是因爲能夠得到一種捨我其誰的責任感，還有一些人是受到津貼或其他經濟上的誘因激勵。

一家快速擴張的新創企業負責人指出，理想情況下，激勵措施也可以跨越許多層面：「合作對社群、公司和個人都會帶來好處。當你將合作與個人成就及滿足感聯繫在一起時，你就一次解決了兩個問題。」

今年激勵你的事，一年後不一定能激勵你，而團隊中的成員也會被不同因素激勵。正如一位商業顧問說的：「我不認爲團隊中的每個人一定要有相同的動機，但我們必須弄清楚推動他們的因素是什麼。」

我們有許多不同的激勵誘因，從拯救世界、自我發展到財務收益都有，並沒有什麼是唯一正確的激勵方式。接下來提供一份清單，說明合作如何促進個人利益。這些是多年來我的學生、研究參與者、受訪者以及客戶所分享的例子。

工具箱

職場合作如何滿足個人利益

- 成為更好的溝通者。
- 發展人脈。
- 深化自己與他人的關係。
- 獲得專案管理的經驗。
- 獲得理想正面的成績或評價。
- 獲得一份工作機會或升職。
- 對世界產生影響。
- 向自己證明我能有所貢獻。
- 運用以前學到的東西。
- 創造一些尚未被發明的事物。

- 履行一項承諾。
- 讓他人有最佳的表現。
- 付出巨大的努力以達成目標。
- 累積業界的經驗。
- 學習一個有趣的主題。
- 開拓新的領域。
- 滿足對知識的好奇。
- 獲得在團隊中工作的經驗。
- 在專業上有所發展。
- 享受樂趣。
- 培養主動自決的態度。
- 證明自己的能力。
- 累積履歷上的經驗。

- 增強對自己能力的信心。
- 爲專案增加價值。
- 完成一項要求。
- 獲取知識。
- 行使權力。
- 改善現有的產品。
- 履行對他人的責任。
- 獲得新技能。
- 競爭。
- 獲得領導的經驗。
- 獲得認可。
- 賺更多錢。

以下提供幾個你可以詢問自己的問題，幫助你確定某個新的合作機會是否真的符合門檻。

- 這個機會是否符合我的價值觀、目標及利益？
- 完成這個專案，是否能讓我推進自身或公司的短期或長期目標？
- 這項合作中，我最感興趣的主題、重點或特質是什麼？
- 如果要把這個機會的利益，與當前事務的利益進行排名，它會落在什麼位置？
- 想像一下：這個專案會如何改善世界？
- 我的理想成果是什麼？
- 在我眼中，什麼能讓所有努力都值得？

如果這個機會不符合你的價值觀及利益，你可以說「不」，或看看是否可能重新塑造這份工作，讓它與你的價值觀一致。

—對有意義的貢獻說「好」—

你是否有能力為合作做出有意義的貢獻？要達到這件事，需要兩個不同的能力，它們都非常重要，而且都需要你眞誠地自我反思。

首先，你是否擁有與提議的合作實際相關的技能和資源？你製作動物造型氣球的超強技能，可能在小學園遊會能夠完美發揮，但無法為新進員工創造強大的入職體驗。不論合作的目標是什麼，最重要的是，你的眾多才能要找到發揮的空間。

其次，你是否有足夠的時間和精力參與合作？如果沒有，無論你的驚人技能和才華有多麼完美，都無法持續且有意義地為改善共同事務做出貢獻。如果你被千頭萬緒拉扯，最終你只能將微薄的注意力及能力貢獻給專案及你承諾過的那些人。整個專案將無法充分發揮潛力，其他隊友會感到失望，而你斷了後續合作的機會，並背負著罪惡感。

無論是因為專業知識不到位或沒有足夠的時間和精力，都請不要加入你無法做出有意義貢獻的合作關係。這樣做只會讓你成為那個搭便車的人，讓其他人感到失望，並扛起意想不到的沉重負擔，因為他們得努力承擔你無法履行的責任。

你可以問自己這幾個問題，以確認你是否眞的能爲合作做出有意義的貢獻：

- 我是否擁有該專案所需要的技能、觀點及／或資源？
- 我是否願意爲這個專案貢獻技能、觀點及／或資源？
- 若我要爲這項工作貢獻時間及才能，是否需要任何人同意？
- 我是否有足夠的時間及精力說「好」？如果沒有的話，是否能夠刪減哪些現有的任務來騰出空間？
- 現在是適當的時間點嗎？

如果你無法爲合作關係做出有意義的貢獻，你可以：

- 說「不」。
- 表明你對這項工作有高度興趣，也很開心有機會瞭解專案的進行狀況，但不要做出任何承諾。

- 如果你眞的很想參與，但不一定具備必要的技能，請明確說明你有能力提供哪些才能及資源，並詢問是否有你可以派上用場的地方。
- 如果你眞的很想參與，但你的時間及精力有限，就盡可能刪減你現有的任務，這樣就能騰出一些空間了。

一對資源說「好」一

如果沒有完成工作需要的正確資源，挫折感就會持續增加*1。雖然有才華的人在進行的過程中可能會湊齊資源，但一開始就有足夠資源的合作更有機會蓬勃發展，而且團隊成員更能集中精神投入實際工作。

當然，對於某些專案而言，找到並納入必要的資源，其實正是合作本身的一部分。例如，如果新創企業有三位共同創辦人，他們正努力要將一個想法從概念推展成雛型，其中一位創辦人可能就得負責尋找並獲取資金。因此，並非在你加入合作前所有資源都必須到位，而是你在一開始要評估這個團隊是否對必要資源有明確的認識，以及是否有可靠的計畫來獲取資源。

這裡有幾個可以幫助你做出決策的問題：

- 要啓動、維持並完成一個專案，需要什麼資源？
- 所有相關人員是否清楚過程中需要哪些資源？
- 目前手邊可供使用的資源有哪些？
- 當需要其他額外資源時，獲取資源的計畫是什麼？
- 對於專案相關人員獲得必要資源的能力，我有多少信心？
- 專案的規模和可使用的資源是否相當？

如果可利用的資源不存在或不足，你可以：

- 說「不」。

*作者註：諾斯特（Knoster）等人提供了一個思考體制變革的框架，這個思考框架也被證明能增強持續性的合作行動。他們表示，努力要能成功，需要五個關鍵要素：願景、激勵、技能、資源，以及計畫。當欠缺任何一種要素，就可以預測專案會停滯不前。

• 堅持重新規畫專案，以符合可用資源的規模。
• 表明一旦資源到位並能夠支援專案完成，你就有興趣進一步參與。
• 幫忙弄清楚如何引入必要的資源。

━ 對優秀的合作者說「好」 ━

下一個議題關係到其他人：合作的隊友是否能夠堅持不懈、稱職又熟練地做出自己的貢獻？

在我的工作坊中，有位參與者分享了我懷疑許多出色合作者都曾面臨的挫敗經驗：每個人都期望他參與專案的初始階段。他時常被邀請加入新的關係、新的可能性，去參加規模或大或小的新奇專案。

在職業生涯的早期，他經常答應，但不止一次受到傷害。他發現，其他人熱情的「全力以赴」很快就消失得無影無蹤。當你答應了一個錯誤的「機會」，就意味著拒絕了正確的機會，因爲你沒有那麼多時間來完成所有事情。爲了防止同樣的錯誤再度發生，他開始更容易答應其他人的邀約，並認爲某些專案會失敗，這樣他的待辦任務就會變得比較平衡。然而並沒有。所有的專案都擠在一起，讓他因爲同時做太多事而分身乏術。這種承諾、努力和失望的反覆循環，也使他感到精疲力盡。

你確實不該錯過夢想中的機會，但你應該也不希望將寶貴的資源——你的時間、才能及珍視的事物——投入一開始就註定失敗的合作關係中。**而參與專案的其他成員，正是決定合作成功或失敗的關鍵。**

即使其他關鍵參與者中只有一位態度反覆或無能，你也會受到負面的影響。當他們毫無準備地出現在會議上時，你的時間就被浪費了。當他們未能完成任務時，爲了趕上進度，你就是那個要加班工作的人。當合作者無所作爲，導致發生了原本可避免的麻煩時，你的時間排程就會連帶受到負面影響。

那麼，該如何審視潛在的合作者？你可以使用以下這些提問，對潛在合作者的能力進行壓力測試：

- 這組合作夥伴的每一個人是否都具備所需的技能？
- 每位合作者是否都能在工作中提供所需的技能、觀點或資源？

- 如果合作者目前還未具備某些必要技能，是否有引進這些技能的計畫？
- 是否有不需要加入的人員參與其中？
- 我與參與者是否有良好的關係？
- 根據先前與每個人合作的經驗，他們是盡責、慷慨和稱職的合作者嗎？
- 我對這些人的名聲有什麼樣的瞭解？
- 當我們討論共事的可能性時，我覺得合作者面對複雜的情況、現實中不可控的因素，以及專案涉及他人利益時的協調能力如何？

隨著時間推移，我們也會逐漸瞭解合作者的能力如何。我有一個客戶是非營利組織的董事會成員，儘管她對組織使命充滿了熱情，但仍決定辭去職務，因為董事會的其他成員根本沒有履行他們的責任。她付出了許多心力試圖要扭轉局面，但似乎沒有人在乎。在我們進行了關於盡職合作者有多重要的討論之後，她決定離開，後來也跟我說：「什麼改變都沒發生（或改變得不夠多），所以我決定要打包離開了。感謝你成為我退出董事會的推力。」

如果你對專案中其他合作者的能力有疑慮的話，你可以：

- 說「不」。
- 建議變更團隊成員。
- 分享你必須放棄這個機會的原因（「選擇放棄對我而言是很艱難的決定，因爲這項工作非常貼近我的價值觀及專業知識，我也有讓這項專案大放異彩的技能。但是，基於過往與莎姆合作多個專案的經驗，她在工作上無法有穩定一致的表現，因此我無法答應。」）。

當你被要求領導合作事務時

人——以及人與人之間的關係——正是合作的核心。當你成功合作時，其他人遲早會注意到，並要求你組建團隊來進行專案合作。這時，你如何找到並審核合作夥伴？你如何激發他人的合作心態？又該如何爲不同的觀點創造堅實的共融空間？

有選擇性地吸引人才

二〇一九年春季，內布拉斯加州的旅遊推展協會啓動了一個招攬遊客的宣傳活動。文案如下：「內布拉斯加州。老實說吧，並不適合所有的人。」這個宣傳廣告得到了前所未有的成功，引起全國媒體的關注，並讓該州許多居民引以爲豪，甚至包括我們這些早已離開的人。

無論你想要吸引的對象是遊客、戀愛對象，或是合作者，你眞的不需要——也不想要——吸引所有的人。你只需要吸引**合適**的人。

該怎麼做到這件事？亮出螢火蟲的發光屁股吧。嗯，這是什麼意思？

我在內布拉斯加衛理公會大學一門生物學課程中瞭解到，不同種類的螢火蟲會以不同的模式來展現屁股的發光小燈。在螢海茫茫之中，這能讓同一物種的螢火蟲找到彼此。**當你在決定要與誰合作時，也可以發出類似的信號。**

在一開始就展示你的美麗色彩——你是誰、你看重的價值是什麼，以及你的生活方式。並且注意其他人如何回應這些信號。

這邊有一個很好的例子。我曾介紹兩位截然不同領域的同事認識，其中一位是經濟學家，另一位則是品牌策略規畫師，因爲他們發出了相同的信號。無論是他們的價值觀、他們希望爲世界創造的願景，或他們談論工作時展現對環境、社會及經濟的責任感，都表明這兩個人屬於同個「物種」，卻在不同的領域飛翔。因此，他們絕對需要認識彼此。

我幫兩人牽線之後不久，就收到他們分別寄來情緒激動的電子郵件。他們一拍即合，而且立刻展開一項有望促進社群意識的合作。其中一位寫道：「非常感謝你讓我們產生聯繫——這是命中註定的相識！眞是瘋狂的緣分。」另一位發訊息說：「謝謝你促成這美好的相識，她絕對是我遇見最重要的人之一了。」

如果你有參與組織的招聘決策，在尋找人才時，也非常推薦你採用這個概念。曾在一家需要高度合作的國際新聞機構工作的媒體編輯表示，她過去常常聘請到「低自我、高野心」的員工。她是怎麼做到的？

與開頭的旅遊協會做法類似，在第一次面談中，她會直接了當地說明組織的價值觀：「這個地方適合野心勃勃但自我意識沒有太強的人。如果你是那種很想建立個人品牌的人，我不會有什麼意見，那很棒，但我們的談話應該就到此爲止了，因爲你在這裡工作也不會開心，而我們也可能不會對你的表現感到滿意。這個地方不是每個人都適合的。」

接著，她會補充：「如果你是那種關注工作本身的人——你想製作了不起的新聞，也明白這不是你一個人的事，而你想要和大家合作——這就是我們在做的事情。」合適的人選這時會說：「謝天謝地！這正是我夢寐以求的工作。」

篩選合作者的特質

要瞭解一個人是否是理想的合作對象，另一種方法就是聆聽他們所說的話。在面試人選的過程中，上一節提過的編輯還會觀察面試者談論自己及工作的方式。她會特別留意人們是否過於自我推銷，開口閉口都是我、我、我。也會注意他們談論自己獲獎的文章時，是否會提及那是由記者、數據分析師及攝影團隊共同努力的成果。

一位非營利組織的主管分享她尋找人才的小技巧：「我會給面試者一些即時的反饋，或眞的出於好奇心反駁他們的論點，來看看他們有什麼反應。答案並沒有一定的對錯，我只是想要觀察他們如何思考。而且，哇，你眞的可以看到他們的臨場反應。」

如果合作對這份工作或組織的核心價值至關重要，那就雇用符合這種特質的人才。詢問相關問題，仔細尋找面試者能夠確實做到的蛛絲馬跡*。

先試試水溫

在美國，大家通常會先與某個對象約會一段時間後，才會確立長期關係。約會讓我們有機會在不同情境下和對方相處，瞭解他們如何應對各種情況、如何回應我們的需求、是否能在需要時向我們求助，以及如何求助。透過花時間在各種情境與人相處，我們能瞭解許多關於對方的事。戀愛關係是如此，合作關係也是。

*作者註：我曾採訪一位消防員，他分享說，要在他的部門被錄用，需要通過多項體能測試及一般能力測試，而合作能力並不是入職前的篩選項目。儘管如此，如果任何一個隊員做出可能危及同事的行為，就會被淘汰。正如這位消防員所說的：「合作實際上是攸關生死的事。」

如果你確定想要與某人進行合作，請先從小事著手。與其發起一個動用數百萬美元並預計進行多年的專案，不如先共同舉辦一個以業內專家為主的兩天會議。

你也可以想想經典的囚徒困境（Prisoner's dilemma）。兩個共謀一起搶劫或進行其他不當交易的人被拘留，由於他們分別被警方審訊，無法相互溝通，因此兩人都得決定要出賣對方或是保持沉默。如果兩人都守口如瓶，警方就沒有任何控訴的證據，兩個人都能逍遙法外。如果兩個人都吐露實情，雙方都會陷入麻煩。如果一個人開口，而另一個人保持沉默，那揭發對方罪行的人將被減刑，另一個人則承受所有刑罰。

在反覆進行的囚徒困境遊戲中，研究參與者被分配了一系列的任務，他們的行爲——合作或背叛——會影響分數、金錢或其他東西的分配結果。研究人員探索了眾多策略中哪一種能夠獲得最大的勝利，而最佳策略與本節建議密切相關：首先，在第一回合選擇合作，並在之後的回合都做出前一回合對方的舉動。

因此，在測試合作的水溫時，請在一開始就成爲出色的合作者，同時密切關注其他人的行爲。如果對方也是優秀的合作者，接下來就繼續效仿他們。

我曾和一位潛在合作者進行了一次很棒的電話交流，而我們決定試著一起推出一項新服務。我主動提出由我先來草擬商業目的聲明，並在掛斷電話後的幾個小時內就完成了。我馬上將草稿寄給對方，但過了一個星期都沒收到回覆，於是我發送了一封提醒的電子郵件，並透過其他管道進行聯繫。又過了一個星期，依然沒有任何回音，此時我就關閉了合作的可能性。幾個星期後，我終於收到回信，這位潛在的合作者表示，他完全深陷於其他工作。我感到生氣嗎？沒有。雖然沒機會與這個了不起的人一起合作讓我感到失望，但我並未投入太多時間或精力來展開這項工作。沒有造成傷害，就不算是什麼嚴重的事。

觀察其他人的行爲，以及你和他們相處時的體驗。注意以下事項：

- 有哪些跡象顯示，這個人有看到並理解你的需求和利益？他們是否遵守截止日期、保密性及貢獻程度等方面的協議？
- 你是否看到他們願意在想法、時間、流程及資源上協商、讓步？
- 你是否能自在地與他們分享自己的半成品？這種信任的行爲，是否獲得對方積極的回應？

- 有哪些證據表明，他們認為你的成功與他們自己的成功同等重要？
- 你和他們相處時感覺如何？
- 你覺得他們支持你嗎？
- 你對對方感到信任，還是發現自己對他們說的話感到懷疑？
- 當你努力分擔風險及責任，並分享報酬及資源時，他們有何反應？
- 對方是否言行一致、言而有信，並貫徹執行他們所承諾的事情？
- 與他們溝通時，你也能言行一致、言而有信嗎？

推動合作精神

當然，合作長久以來的一項特質，就是牽涉到其他人。而且，當我們一同參與合作時，事情就會變得很複雜。

我們需要擁有卓越技能的合作者參與其中，好讓合作關係及組織維持在「成功合作」的狀態，因此，現在正是時候來推動大家朝著積極的方向前進。我的意思是，說眞的，如果所有人都明白如何更理想地進行合作，你能想像這世界會變得多不可思議嗎？

有時，你很難在一開始看見合作的潛在價值。但是，當可能的合作者以合作是浪費時間或通常無效的心態進入探索性對話時，他們就關閉了可能性，也削弱了實現複雜目標的能力。你可以藉由對話來讓他人敞開心胸，擁抱合作的可能性，並推動合作心態。以下「工具箱」的各項提問可以爲你提供幫助，有些問題也曾出現在本書其他地方。當你考量個人、部門、處室，甚至組織之間的合作時，可以用這些問題稍做變化。不論是問自己這些問題，或是和其他決策者討論都可以。總之，請針對需求來調整你提出的問題。

工具箱

十個推動合作思維的問題

問題1：這位潛在合作者與我有什麼共同的價值觀？

問題2：我們各自的目標在哪些方面一致？

問題3：如果我們這樣做並取得巨大成功，會有什麼風險？

問題4：如果我們這樣做並完全失敗，會有什麼風險？

問題5：不採取任何行動會有什麼代價？

問題6：若進行合作的話，從現在以及長遠來看，財務狀況、組織的能力、我／我們實現重要目標的能力、額外的機會和人際網絡的擴展，以上這些層面會有什麼潛在回報？

問題7：透過合作，我可以從這個合作者身上學到什麼（例如，接觸到新觀點、新技能，或產業知識）？

問題8：與他人建立深厚的關係，可能在危機發生時提供什麼助益？
問題9：這個機會有什麼令人興奮、共鳴、重要或有價值的地方？
問題10：我最大的擔憂或猶豫是什麼？（這最後的問題可以幫助你思考，如果合作確定繼續，你需要如何展開合作，將想法轉換成實際行動，以共同創造先前從未有過的成果。）

為不同觀點打造堅實的共融空間

你招募的團隊成員必須擁有完成工作所需的技能及資源，這也是跨職能團隊如此重要的原因之一。例如，團隊的參與者會帶來產品開發、銷售及市場行銷方面的觀點、資訊、專業知識及資源，彼此就能相互學習與強化[2]。

儘管如此，這些優勢也可能在建立關係方面帶來弱點，尤其當合作者們在無意間用猜測、刻板印象或憑空的臆測去填補對其他人及工作的想像時。他人在許多方面都與你不同，像是屬於不同族群、意識形態有所分歧、看待事情的專業角度不同。和這些人一起工作時，不論是費心去瞭解對方、理解事件的來龍去脈，或探索毫無根據的假設從何而來，都顯得更加重要。

以下提供一些策略，幫助你在和不同職能領域、階級、組織、世代、地域及文化背景的人合作時，能夠強化合作關係。

把重點放在對專案有益的觀點。在建立合作小組時，刻意擺脫那些誰「應該」要參加的慣例。把重點放在有利於專案的觀點，而不是那些儘管貢獻薄弱或毫不相關，卻總是一直出現的觀點。正如一位產品經理解釋的，作爲一位合作者，「你總是處在不同專業的交集點。這代表你在某些領域擁有優勢，而你需要透過其他領域、其他人的專業知識來平衡它們。」

不要假設你們說同一種語言。部門之間可能會過度愛用行業術語、首字母縮寫以及代碼。正如一位媒體創辦人所指出：「工程師們使用一種語言，而產品設計師及產品經理有另一種語言，他們根本不知道對方在說什麼。」

當你使用行業術語時，請花點時間解釋你的意思；當你不確定對方的用詞時，也請求對方澄清。專業術語會讓人無法眞正理解對話，也會阻礙他們做出貢獻。我們使用的語言創造了圈圈內跟外，而有意識地思考這樣的區別在何時以及爲什麼有利於合作，是很重要的一件事。一般來說，尤其是新合作關係開始，或是有新合作者加入時，有必要盡力澄清可能影響理解的語言，也請養成在簡報開頭就說明關鍵術語的習慣。

對他人的工作內容保有好奇心。我曾經促成一項高等教育合作專案，其中涉及了六所大學及六個不同職能領域的機構。圍坐在桌前的人對彼此一無所知，對各種頭銜及角色的意義也只有模糊的概念。參與的人有教職聯絡員、註冊主任、轉學輔導員、教學系統設計師、學術圖書館員、副院長、特殊專案主任等。此外，在不同的組織中，同樣的角色也會有不同頭銜，而同樣的頭銜也會有不同的工作職責。名字後方的英文字母，又表示不同的職位或資格。因此，與會者的名冊看起來就像是難懂的字母湯。

值得慶幸的是，我馬上意識到，大家對於爲什麼這麼多人會一起聚在這個房間所知甚少。因此，我們以關鍵的自我介紹來開場：在這個專案中，你的部門扮演著什麼角色？你如何進行你的工作？你看重的價值什麼？你的優先事項有哪些？是什麼激勵著你前進？理想的工作是什麼樣子？你認爲大家對你部門的工作事務有哪些不理解的地方？

努力瞭解其他人／部門在專案中關注的利益。雖然你應該知道你和你的部門會從合作專案中獲得什麼，但預設其他人都跟你有同樣的擔憂，或受同樣的動機驅使是錯誤的。與其冒著無意間擊碎別人重視的結果的風險，不如問清楚他們在意的是什麼，這樣你就可以保護他人看重的目標，並與你自己的目標平等對待。你可以問：你同時在處理哪些事情？這個專案在你的工作順序中排名第幾？對你來說，這個合作專案最有趣的部分是什麼？我們還能做些什麼對你來說特別有意義或有幫助的事情？就你的部門或個人而言，你最想從這次經驗中得到什麼？對你來說，成功是什麼？

不要假設你在當地情境下適用的東西，在其他地方也適用。我曾採訪一位全球企業的產品營運經理，她分享了一個很有說服力的故事，告訴我們在跨文化背景中該如何保持機警並適切應對。她提到來自其他國家的同事經常詢問美國政治和政客的事，也時常開一、兩個政府運作不佳的玩笑。當時是她的職業生涯初期，而她回敬了那些問題及批評對方的政府，換來令人尷尬的沉默，同事們甚至選擇避免跟她眼神接觸。後來，有一位同事解釋，在那個國家，人民質疑政府是危險的。這裡的重點是，無論我們是與來自另一個國家的同事合作，還是跟公司另一個部門合作，當一位好客人都是很重要的。你可以花一些時間研究對方的習俗和禮儀、請同事爲你做簡單的介紹，或要求合作團隊的聯絡窗口提供你反饋，也可以爲團隊內的其他成員提供文化融入培訓。

謙遜不自負。在任何合作中，對自己的能力抱持謙虛的態度都是關鍵，特別是在與背景多元的對象合作時。具備這種特質的人知道自己知識上的局限。你可能對部門的運作很熟悉，但並不代表你知道你的同事知道什麼。請提醒自己，不要告訴別人他們應該怎麼做自己的工作才對。另外，也可以邀請他人分享見解，例如：從你的角度來看，你認爲當下的機會及風險是什麼？或發問學習：這是我一無所知的領域，你認爲我需要瞭解的關鍵點會是什麼？

友誼、家庭、社群及生活中的合作

我們生活的各個層面都和合作有關，而優秀的合作者在友誼、家庭及社群中都會善用他們的技能。在各個層面，合作關係都可以開啓或阻礙可能性，以下提供幾個例子：

- 爲了資助學校進行戲劇表演，家長教師協會一起籌措資金（或者，協會因內鬥行爲而削弱了團體的工作能力）。
- 一群人爲某位剛動完手術的朋友協調送餐及托兒服務（或者，這群人沒有協調好，朋友因此一天收到了二十份餐點，而其餘時間都沒有收到）。
- 鄰里守望組織與城市公園部門進行合作，移除了公園的一個破舊棚子（或者，官僚主義和不斷推卸責任「這並非我的工作範圍」，使得移除非法障礙物充滿困難）。
- 在父母去世後，兄弟姐妹一起想辦法處理父母的所有物件（或者，大家經歷著複雜的悲傷、失落及無力感，導致緊張情緒不斷飆升，最後情緒爆發）。

- 離婚但選擇共同撫養孩子的父母，順利地協調孩子的日常生活（或者，父母將他們與孩子之間的關係化爲武器，並傷害彼此）。
- 房東和房客一同釐清如何支付及協調公寓的緊急維修事務（或者，兩人陷入相互指責的敵對狀態）。
- 鄰居們一起釐清劃分兩棟房子的籬笆界線應該在哪裡（或者，當某一方出門不在家時，另一方隨意豎起圍欄，於是雙方爆發了衝突）。
- 相關人員安排將特定的緊急醫療用品運送至備受戰爭蹂躪的國家（或者，許多人將自己能提供的資源送到一個根本沒聽說過的組織，還盼望物資會到達需要的人手中）。
- 住在同一個屋簷下的家庭成員一起保持家中整潔（或者，最後都是同一個人完成所有家事，從頭到尾覺得自己被佔便宜）。

這當然還遠遠不是一個詳盡的清單。但我想要清楚表達的是，關於我們的生活方式、探索世界的方式、彼此產生聯繫的方式，甚至是死亡的方式，合作都無所不在。以上的每一個例子，人們都在與相識的他人進行合作，以推進共同目標。在每一種情況下，成本、複雜性、管轄的權力和不確定性，都會阻礙我們單獨行動。

如果你願意的話，我們再來進行一個小小的思想實驗：

- 請寫下你在工作以外的生活中所有的合作關係。盡可能記錄你想得到的例子。有些事情可能是平淡無奇的日常任務（例如：分擔家務），有些可能是生活帶來的獨特經歷（例如：一起爲祖父母舉辦週年紀念派對）。
- 回顧一下你寫下的清單。對你來說，哪一項是現在最爲重要或最有意義的合作關係？
- 問問自己：「如果這個合作順利進行，會有什麼風險？如果失敗了，又會有什麼風險？」
- 想著合作關係中的某位合作者，問問自己這段關係的狀況如何。回想第二章介紹的馬歇克矩陣，你認爲這段關係現在處於哪個象限中？是討厭合作、發展初期、高潛力，還是成功合作？爲了幫助你自己在矩陣中定位，你要回答兩個關鍵問題：「我們的關係好到什麼程度？」（關係品質）和「我們影響彼此成果的程度有多高？」（相互依賴）。

• 問問自己：「在這段關係中，我所做的努力是否反映了這次合作對我有多重要？我想改變這段關係的互動狀態嗎？如果這段關係不是我想要或需要的，我是否準備好並願意努力改善它呢？」

• 最後，問問自己：「我能做些什麼？」

是的，你可以做些什麼呢？

回顧第五章提供的表格，其中包含了將關係從「討厭合作」轉變爲「成功合作」的所有策略。還記得嗎，這些策略主要源自親密關係心理學文獻中的實證研究（也加入了一些組織心理學的觀點）。這代表這些概念能讓你相對輕鬆地運用於工作以外的生活，幫助你在育兒過程、婚姻和友誼中如魚得水，與合作性組織、社區花園及禮拜場所的人際關係也息息相關。事實上，每一項策略都可以在你的非工作合作關係中實踐。

所以請你緊緊把握這些概念，變成你自己的東西，不論是在工作場所或其他地方，都把它們帶入你的人際關係。你的協作知識將爲你建立更理想的關係，接著創造一個聯繫更加緊密的世界，最後帶來更多的關懷、好奇及創造力。

用心投入極度困難的合作關係，絕對是件值得的事。

「成功合作」的期望

參與深度合作，可以擴大你在世界的影響力。當你與懂得和他人合作的高績效人士建立良好的合作關係時，你會很驚訝地發現，自己也能夠快速成就偉大的事。然而，下一步不是匆忙走向世界，急著去做許多「事情」。而是要擇善固執，去做正確的事來推進自己的目標。

建立良好的合作關係很重要，因爲，你很重要，你的工作很重要，你的工作體驗也很重要。你的才華、天賦、智慧、能力——在這個充滿待解決問題和機會的世界中，合作可以放大上述的一切。

作爲知識淵博、高效的合作者，投資合作關係的健康，不僅可以提高你實現目標的能力，也可以幫助其他人做到。當你們一起合作時，甚至能讓偉大之事成眞。

透過花時間研讀這本書，你就已經朝著成爲出色合作者邁出了有意義的一步。當你在新環境與新的人合作時，可能會遇到新的挑戰及障礙。但現在，你的工具包已配備了一些關係科學，讓你的合作關係不再是混亂、緊張和充滿摩擦的神祕地帶。

重點在這裡

✓ 對這些合作機會說「好」：符合你價值觀、目標和興趣的機會，可以讓你做出有意義且適當貢獻的機會，目標及可用資源程度相當的機會，能夠做出有意義貢獻的合作者參與的機會。

- ✓ 在組織其他人進行合作時，尋找並篩選合作夥伴、推動他們的合作心態，並爲不同觀點打造堅實的共融空間。
- ✓「成功合作」可以爲我們的友誼、家庭及社群帶來巨大的回報。
- ✓ 繼續投資你的合作技能，如此將持續解鎖更多希望及潛力，擴大你在世界的影響力。

關鍵提問

- ✓ 請思考那四個能幫助你決定是否該對合作機會說「好」的篩選條件。考量你的工作環境、背景、心理需求等，你預測哪個篩選條件可能會讓你卡住？你又可以向自己提出哪些額外的篩選問題，幫助你及時做出明智的判斷？
- ✓ 預先思考下一次由你所領導的合作專案，你特別想要將本章中的哪些想法付諸實踐，好讓大家團結在一起，並促進集體行動？
- ✓ 要能對正確的機會說「好」，以及向他人展示你的色彩（你是誰、你看重的價值是什麼），都要先釐清自己的價值觀、目標和在乎的利益是什麼。對自己的價值觀、目標及在乎的利益，你有多大程度的瞭解？如果你覺得自己還不清楚，你認爲哪些反思、與特定他人的對話或經歷有助於你釐清？

✓ 在職涯（或個人）發展中，你希望採取哪些下一步的行動來促進合作？這個星期，你可以先從哪三個小步驟開始？

✓ 你認爲在你的個人生活及職業生涯中，你在合作方面的優勢及困難有哪些相似之處？這些相似之處對你接下來實踐合作的路徑有什麼樣的啓示？

前言：從拖車停車場到博士生

1. Van Bavel, J. J., & Packer, D. J. (2021). *The power of us: Harnessing our shared identities to improve performance, increase cooperation, and promote social harmony*. New York, NY: Little, Brown Spark.

第1章：什麼是合作，又為何會出錯？

1. Freeman, R., & Huang, W. (2014). Collaboration: Strength in diversity. *Nature, 513*, 305. https://doi.org/10.1038/513305a
2. Rock, D., & Grant, H. (2016, November 4). *Why diverse teams are smarter. Harvard Business Review*. Retrieved August 8, 2022 from www.hbr.org/2016/11/why-diverse-teams-are-smarter
3. *The Guardian*. (2016, February 15). Antonin Scalia: Liberal clerks reflection the man they knew and admired. Retrieved August 8, 2022 from www.theguardian.com/law/2016/feb/15/antonin-scalia-supremecourt-justice-liberal-clerks-reflect
4. www.collegepulse.com [Accessed July 11, 2022].
5. Mashek, D. (2021, June 23). College graduates lack preparation in the skill most valued by employers—collaboration. *The Hechinger Report*. Retrieved August 8, 2022 from www.hechingerreport.org/opinion-college-graduateslack-preparation-in-the-skill-most-valued-by-employers-collaboration/
6. Duffy, M. K., Ganster, D. C., & Pagon, M. (2002). Social undermining in the workplace. *Academy of Management Journal*, 45(2), 331–351. https://doi-org.ccl.idm.oclc.org/10.2307/3069350
7. (Duffy et al., 2002)
8. Finley, A. (2021). *How college contributes to workforce success: Employer views on what matters most*. Association of American Colleges and Universities. Retrieved August 8, 2022 from https://dgmg81phhvh63.cloudfront.net/content/userphotos/Research/PDFs/AACUEmployerReport2021.pdf
9. Society for Human Resource Management. (2016, June 21). The new talent landscape: Recruiting diffi culty and skills shortages. Retrieved August 8, 2022 from www.shrm.org/hr-today/trends-and-forecasting/research-and-surveys/documents/shrm%20new%20talent%20landscape%20recruiting%20diffi culty%20skills.pdf
10. Aron, A., Melinat, E., Aron, E. N., Vallone, R. D., & Bator, R. J. (1997). The experimental generation of interpersonal closeness: A procedure and some preliminary fi ndings. *Personality and Social Psychology Bulletin, 23*(4), 363–377. https://doi.org/10.1177/0146167297234003. The 36 questions were popularized by a viral article by Mandy Len Catron; Catron, M. L. (2015, January 9). To fall in love with anyone, do this. The New York Times. Retrieved August 8, 2022 from www.nytimes.com/2015/01/11/style/modern-love-to-fall-in-love-with-anyone-do-this.html

第2章：介紹馬歇克矩陣

1. U.S. Bureau of Labor Statistics. (n.d.). *Average hours per day spent in selected activities on days worked by employment status and sex, 2021 annual averages*. Retrieved August 8, 2022 from www.bls.gov/charts/americantime-use/activity-by-work.htm
2. Simpli5. (n.d.). *Organizational dynamics survey: Most businesses have a teamwork proble*m. Retrieved August 8, 2022 from www.simpli5.com/resources/organizational-dynamics-survey-teamwork-problem/
3. BI Norwegian Business School. (2014, August 12). Managers: Less stress when work relationships are good. *ScienceDaily*. Retrieved August 8, 2022 from www.sciencedaily.com/releases/2014/08/140812121737.htm
4. Joel, S., Eastwick, P. W., Allison, C. J., Arriaga, X. B., Baker, Z. G., Bar-Kalifa, E., Bergeron, S., Birnbaum, G. E., Brock, R. L., Brumbaugh, C. C., Carmichael, C. L., Chen, S., Clarke, J., Cobb, R. J., Coolsen, M. K., Davis, J., de Jong, D. C., Debrot, A., DeHaas, E. C., Derrick, J. L., … Wolf, S. (2020). Machine learning uncovers the most robust self-report predictors of relationship quality across 43 longitudinal couples studies. *Proceedings of the National Academy of Sciences of the United States of America*, 117(32), 19061–19071. https://doi.org/10.1073/pnas.1917036117
5. Berscheid, E., Snyder, M., & Omoto, A. M. (2004). Measuring closeness: The relationship closeness inventory (RCI) revisited. In D. J. Mashek & A. P. Aron (Eds.), *Handbook of closeness and intimacy* (pp. 81–101). Lawrence Erlbaum Associates Publishers.

第3章：瞭解關係品質

1. Weidmann, R., Ledermann, T., & Grob, A. (2016). The interdependence of personality and satisfaction in couples. *European Psychologist*, 21(4), 284–295. https://doi.org/10.1027/1016-9040/a000261
2. Prewett, M. S., Walvoord, A. A. G., Stilson, F. R. B., Rossi, M. E., & Brannick, M. T. (2009). The team personality-team performance relationship revisited: The impact of criterion choice, pattern of workflow, and method of aggregation. *Human Performance*, 22(4), 273–296. https://doi.org/10.1080/08959280903120253
3. Bowlby J. (1969/1982) *Attachment and loss: Vol 1 attachment*. Basic Books.
4. Yip, J., Ehrhardt, K., Black, H., & Walker, D. O. (2018). Attachment theory at work: A review and directions for future research. *Journal of Organizational Behavior, 39*(2), 185–198. https://doi.org/10.1002/job.2204
5. Borelli, J. L., Smiley, P. A., Kerr, M. L., Hong, K., Hecht, H. K., Blackard, M. B., Falasiri, E., Cervantes, B. R., & Bond, D. K. (2020). Relational savoring: An attachment-based approach to promoting interpersonal fl ourishing. *Psychotherapy, 57*(3), 340–351. https://doi.org/10.1037/pst0000284

6. Davey, L. (2019, February 17). *What teams can learn from Valentine's Day.* Liane Davey. Retrieved August 8, 2022 from www.lianedavey.com/what-teams-can-learn-from-valentines-day/
7. Gottman, J. M., & Silver N. (1999). *The seven principles for making marriage work: A practical guide from the country's foremost relationship expert.* Random House/ Crown/Harmony.
8. Grant, A. (2013). *Give and take: Why helping others drives our success.* Penguin Books.
9. (Aron et al., 1997)
10. Laurenceau, J.-P., Barrett, L. F., & Pietromonaco, P. R. (1998). Intimacy as an interpersonal process: The importance of self-disclosure, partner disclosure, and perceived partner responsiveness in interpersonal exchanges. *Journal of Personality and Social Psychology, 74*(5), 1238–1251. https://doi.org/10.1037/0022-3514.74.5.1238
11. Aron, A., Aron, E. N., & Smollan, D. (1992). Inclusion of other in the self scale and the structure of interpersonal closeness. *Journal of Personality and Social Psychology, 63*(4), 596-612. https://doi.org/10.1037/0022-3514.63.4.596
12. Aron, A., Lewandowski, G., Branand, B., Mashek, D., & Aron, E. (2022). Self-expansion motivation and inclusion of others in self: An updated review. *Journal of Social and Personal Relationships.* https://doi.org/10.1177/02654075221110630
13. Agnew, C. R., Van Lange, P. A., Rusbult, C. E., & Langston, C. A. (1998). Cognitive interdependence: Commitment and the mental representation of close relationships. *Journal of Personality and Social Psychology, 74*(4), 939–954. https://doi.org/10.1037/0022-3514.74.4.939
14. (Aron et al., 2022)
15. (Aron et al., 2022)
16. For an overview, see Aron et al., 2022.
17. Knoster, T., Villa, R., & Thousand, J. (2000). A framework for thinking about systems change. In R. Villa & J. Thousands (Eds.), *Restructuring for caring and effective education: Piecing the puzzle together* (2nd ed, pp. 93–128). Paul H. Brookes.

第4章：瞭解相互依賴關係

1. Kelley, H. H., & Thibaut, J. W. (1978). *Interpersonal relations: A theory of interdependence.* Wiley.
2. Hatfield, E., & Rapson, R. L. (2012). Equity theory in close relationships. In P. Van Lange, A. Kruglanski, & E. T. Higgins (Eds.), *Handbook of theories in social psychology* (Vol. 2, pp. 200–217). Sage.
3. Ross, M., & Sicoly, F. (1979). Egocentric biases in availability and attribution. *Journal of Personality and Social Psychology, 37*(3), 322–336. https://doi.org/10.1037/0022-

3514.37.3.322
4. Waller, W. (1938). *The family: A dynamic interpretation*. Cordon Company.
5. Wee, E. X. M., Liao, H., Liu, D., & Liu, J. (2017). Moving from abuse to reconciliation: A power-dependence perspective on when and how a follower can break the spiral of abuse. *Academy of Management Journal, 60*(6), 2352–2380. https://doi.org/10.5465/amj.2015.0866
6. (Berscheid et al., 2004)
7. Cross, R. (2021). *Beyond collaboration overload.* Harvard Business Review Press.
8. Courtright, S. H., Thurgood, G. R., Stewart, G. L., & Pierotti, A. J. (2015). Structural interdependence in teams: An integrative framework and meta-analysis. *Journal of Applied Psychology, 100*(6), 1825–1846. https://doi.org/10.1037/apl0000027
9. (Courtright et al., 2015)
10. Thompson, J. D. (1967). *Organizations in action: Social science bases of administrative theory*. McGraw-Hill.
11. (Courtright et al., 2015)

第6章：趕緊閃人

1. Davey, L. (2019). *The good fi ght: Use productive confl ict to get your team and organization back on track*. Page Two Books.
2. Simon, D., & West, T. (2022). *Self-determination in mediation: The art and science of mirrors and lights.* Rowman & Littlefi eld.
3. (Gottman & Silver, 1999).
4. Lewandowski, Jr. G. (2021). *Stronger than you think: The 10 blind spots that undermine your relationship…and how to see past them.* Little, Brown Spark.

第7章：嘿，你是合作大師！

1. (Knoster et al., 2000)
2. Davis, J. (2019). *Create togetherness: Transform sales and marketing to exceed modern buyers' expectations and increase revenue.* JD2 Publishing LLC.

協作原則

如何在職場建立非凡的合作關係

Collabor(h)ate:How to build incredible collaborative relationships at work (even if you' d rather work alone)

作　　者　黛比・馬歇克 博士
Deb Mashek, PhD
譯　　者　陳柚均 Eugenia Chen

責任編輯　黃蒨莙 Bess Huang
責任行銷　袁筱婷 Sirius Yuan
裝幀設計　Dinner Illustration
版面構成　譚思敏 EmmaTan
校　　對　許芳菁 Carolyn Hsu

發 行 人　林隆奮 Frank Lin
社　　長　蘇國林 Green Su

總 編 輯　葉怡慧 Carol Yeh
主　　編　鄭世佳 Josephine Cheng
行銷主任　朱韻淑 Vina Ju
業務處長　吳宗庭 Tim Wu
業務主任　蘇倍生 Benson Su
業務專員　鍾依娟 Irina Chung
業務秘書　陳曉琪 Angel Chen
莊皓雯 Gia Chuang

發行公司　悅知文化　精誠資訊股份有限公司
地　　址　105台北市松山區復興北路99號12樓
專　　線　(02) 2719-8811
傳　　眞　(02) 2719-7980
網　　址　http : //www.delightpress.com.tw
客服信箱　cs@delightpress.com.tw
I S B N　978-626-7406-17-5
建議售價　新台幣390元
首版一刷　2023年12月

國家圖書館出版品預行編目資料

協作原則:如何在職場建立非凡的合作關係／黛比・馬歇克 博士著；陳柚均譯. -- 初版. -- 臺北市：悅知文化 精誠資訊股份有限公司,2023.12
面；公分
ISBN 978-626-7406-17-5 (平裝)
1.CST: 商業管理

494.35　　112020203

建議分類｜商業管理